JN217649

A Guide to Distributed search, Analytics, and Visualization

impress top gear

Elasticsearch、Logstash、Kibanaによるログ収集・解析・可視化

Elasticsearch 実践ガイド

惣道 哲也＝著

インプレス

●本書の利用について

◆本書の内容に基づく実施・運用において発生したいかなる損害も、株式会社インプレスと著者は一切の責任を負いません。

◆本書の内容は、2018 年 5 月の執筆時点のものです。本書で紹介した製品／サービスなどの名称や内容は変更される可能性があります。あらかじめご注意ください。

◆Web サイトの画面、URL などは、予告なく変更される場合があります。あらかじめご了承ください。

◆本書に掲載した操作手順は、実行するハードウェア環境や事前のセットアップ状況によって、本書に掲載したとおりにならない場合もあります。あらかじめご了承ください。

はじめに

Elasticsearchは、Apache Luceneをベースにしたオープンソースの検索エンジンです。Shay Banonによって2010年に開発され、近年では利用者が急増して、現在では最も人気のある検索エンジンとなっています。

Elasticsearchの登場と時期を同じくして注目され始めた技術には、パブリッククラウドのAmazon Web Services、RDBMSに代わるデータベースとしてのNoSQL、BigData基盤であるHadoopなどがあります。Elasticsearchも含め、こうした新しい技術にはいくつか共通して見られる特徴があります。たとえば、「JSONインターフェース」「スケールアウト可能なアーキテクチャ」「RESTful APIアクセス」などがそれらの一端です。こうした特徴により、いずれのシステムも柔軟なシステム構築と運用管理が可能になっています。

Elasticsearchはもともと全文検索の用途で開発されましたが、それ以外にもログ収集・解析の用途としても多く利用されています。複数台のサーバを運用していると、ログの管理は煩雑になりがちですが、これらのログの収集・格納・検索に、多くのユーザがElasticsearchを利用しているのです。ここでログ収集・解析システムの構成要素として、Elasticsearchの他に、ログ収集を行うLogstash、可視化を行うKibanaを組み合わせて使うことが多く、この3つの製品を総称した「ELK（Elasticsearch + Logstash + Kibana）Stack」という呼び方も定着しています（バージョン5以降はELK Stackに軽量のログ転送ツールであるBeatsを加えた「Elastic Stack」という呼称になりました）。このように、Elasticsearchは、検索システムの開発者だけでなく、ログ管理を行うインフラエンジニアにも広く使われるようになっています。

本書では、上記のような背景をふまえて、全文検索エンジンとしてのElasticsearchの特徴や導入・利用方法を紹介するだけでなく、ログ収集・解析などの用途で使う際に関連する製品と組み合わせて使う手順や、Elasticsearchを運用する際の注意点なども含めて、総合的に使える実践的なガイドとなる内容をまとめました。Elasticsearchは、アプリケーション開発者からデータサイエンスにかかわるインフラエンジニアまで、多くの皆様に利用していただける価値のある製品であり、幅広い使い方を知っていただきたいという思いで、本書を執筆しました。本書を通じてElasticsearchを活用いただき、皆様が検索による「気付き」を得られる一助になれば幸いです。

2018年05月

惣道哲也

本書のターゲット

本書はドキュメント検索だけでなく、ログ収集・解析、データ分析プラットフォームといった多様な用途でElasticsearchを活用したいと考えているアプリケーション開発者、インフラ技術者を対象とします。Elasticsearchの機能概要、導入・利用方法、また背後にあるアーキテクチャ上のポイントを理解して、手元にあるデータを幅広く利活用いただくことを目指した内容となっており、実際に手を動かしてデータ活用にチャレンジされようとしているエンジニア、アーキテクト、またはそのチームの皆様をターゲットと想定しています。

本書の内容、特に操作手順説明については、Linuxの利用経験がありOSのコマンド操作に慣れていることを前提として記載されています。必要に応じて、関連書籍やインターネット上の情報も適宜参照するようにしてください。

本書の構成

本書の前半となる第1章から第3章までは、はじめてElasticsearchに触れる方でも理解いただけるように、Elasticsearchの概要、導入方法、基本的な利用方法を紹介しています。すでにElasticsearchに慣れ親しんでいる方は、後半の第4章以降から読み進めていただくこともできます。後半では応用的な利用方法や運用、関連するツール・ソフトウェアとの連携について扱っています。

第1章では、Elasticsearchが登場した背景、特徴や代表的な利用方法について紹介します。あらためて基本的な概念を確認することで、第2章以降の理解を深めていただく内容となっています。

第2章では、実際にElasticsearch環境を導入するためのシステム構成や導入手順を解説します。ここではElasticsearch固有の用語や概念についても一通り説明します。まずは本章の内容を軽く一読していただいて、具体的な手順や用語の意味を後から再確認いただけるような想定をしています。

第3章では、導入した環境に対してドキュメントを登録、検索するための基本的な利用方法について説明します。インデックスやマッピングの管理、さまざまなクエリの方法をカバーしていますので、本章の内容が理解いただければElasticsearchを使う上での基礎的な知識が身についていると言えます。また、後半の応用的なトピックについても理解がより深まるはずです。

第4章では、これまで説明した内容をさらに発展させて、より高度な概念、機能を説明します。柔軟な検索手法、複雑なデータ分析を行うためのElasticsearchのさまざまな機能を確認します。

第5章ではElasticsearchクラスタを管理、運用するために必要となるトピックを紹介します。企業や組織で本格的にElasticsearchを利用するためには、本章の内容が必須の知識となります。

最後の第6章では、Elasticsearchの活用範囲をより広げるための関連ツール・ソフトウェアとの連携について紹介するため、Elastic Stack および X-Pack の機能概要、導入方法を説明します。

各章の内容を理解いただくことで Elasticsearch をどのような用途でどのように利活用できるかが明確になり、結果として、データから新たな示唆を得て、価値を創出できる力添えができれば幸いです。本書が読者の皆様のお役に立てることを願っております。

謝辞

本書の執筆の機会をいただき、編集のご支援をいただきました土屋様に、心よりお礼申し上げます。執筆期間中も忍耐強く支えていただいたおかげで、本書を完成させることができました。本当にありがとうございました。

また、社内外への技術啓蒙という点で志を共にする北山晋吾さんには、本書執筆の後押しとともに、構成に関する貴重なアドバイスをいただきました。あらためてお礼申し上げます。

同じく、日本ヒューレット・パッカードの同僚にも感謝しています。チャレンジングな目標を共に目指し、成長できているのはひとえに皆さんのおかげです。お一人お一人の名前をここではあげきれませんが、お礼申し上げます。

最後に、いつも心の支えになってくれている家族にも、深い感謝を伝えたいと思います。

本書の表記

- 注目すべき要素は、太字で表記しています。
- コマンドラインのプロンプトは、“$”、“#”で示されます。
- 実行例およびコードに関する説明は、“##”の後に付記しています。
- 実行結果の出力を省略している部分は、“...”あるいは（省略）で表記します。
- 紙面の幅に収まらないコマンドラインでは、行末に“\”を入れ、改行していますが、実際の入力では、1 行で入力してください。

例：

```
# systemctl get-default ##操作および設定の説明
multi-user.target 太字で表記
... 省略
$ echo "deb https://artifacts.elastic.co/packages/6.x/apt stable main" \  ←改行
| sudo tee -a /etc/apt/sources.list.d/elastic-6.x.list
```

●紙面の幅に収まらないコードは改行し、行末に 1 行入力 を入れていますが、実際の入力では、1 行で入力してください。

例：

```
##長い設定ファイル内容
discovery.zen.ping.unicast.hosts: ["192.168.100.10", "192.168.100.11:9300",
"master03"] 1 行入力
```

本書で使用した実行環境

◆ハードウェア

- 仮想環境（VMware ESXi）
  - CPU vCPU 2Core(2.4GHz x64 プロセッサ)
  - Memory 4GB
  - Disk 50GB
  - OS CentOS7

●クラウド環境（Azure D2s_v3 インスタンス）

- CPU vCPU 2Core
- Memory 8GB
- Disk 16GB
- OS Ubuntu 16.04

◆ソフトウェア

●Elasticsearch 6.2.1

●Kibana 6.2.1

●Logstash 6.2.1

●Packetbeats 6.2.1

●X-Pack 6.2.1

●curator 5.4.1

必要に応じて、インターネットのリポジトリからソフトウェアを取得しています。

●スタッフ
AD／装丁：岡田 章志＋GY
本文デザイン／制作／編集：TSUC

目　次

第 1 章 Elasticsearchとは

Elasticsearch がカバーする利用用途は幅広く、さまざまなデータの検索、分析に活用することができます。これから、Elasticsearch を使ってどのようにシステムを構成するのか、どのようにデータを格納して検索することができるのか、といった点を理解するためには、まず Elasticsearch がどのようなソフトウェアであり、どのような特徴があるのかを知ることが重要です。

本章では、はじめに検索ソフトウェアとしての Elasticsearch が生まれた背景を簡単に紹介し、Elasticsearch の特徴や位置付け、ユースケースを説明していきます。本書の導入部となる基礎的な内容ですが、これから Elasticsearch を使って、手元にあるなんらかのデータを管理することに関心を持っているのであれば、Elasticsearch の理解を深めるために役立つはずです。

1-1 Elasticsearch が登場した背景

本書でテーマにする検索処理とは何かということを、最初に少し紐解いてみたいと思います。

コンピュータは大量の情報を処理することを得意としています。コンピュータが得意な処理の代表的な例として、大量の情報の中から目的とする情報を探す、いわゆる**検索処理**があります。欲しい情報を見つけ出す際にコンピュータを使うことで人間よりも圧倒的に効率的かつ正確に結果を得られます。実際に、1970 年代から図書館などで文献や論文の管理・検索をするシステムが開発されてきましたし、1990 年代に入ると World Wide Web の利用が広がるとともに、インターネット上の膨大なサイトから目的の情報を探し出すための検索システムが発達してきました。

一般に、検索システムは検索対象となるデータ本体に加えて、それらの「**メタデータ**」も合わせて格納します。メタデータというのは、データ本体を探しやすくするために付加する、属性情報、キーワード、頭文字などの索引となるデータのことです。この索引となるメタデータを利用すれば、大量の情報の中からでも目的のデータを高速に検索することができます。

検索処理の中でも特に「**全文検索**」と言って、複数の文書にまたがって特定の文字列をキーに目的の文書を探すための方式があります。全文検索では、文書を格納する際にそれらの索引を作成してメタデータとして登録します。このメタデータの情報を索引として使うことで、効率よく文書検索を行うことができます。

本書で扱う Elasticsearch は「全文検索」を行うソフトウェアとして 2010 年に登場しました。全文検索の技術自体はそれよりもずっと昔からあり、決して新しい技術というわけではありません。なぜ後発とも言える Elasticsearch が今広く使われるようになったのでしょうか。

このことを少し考えるため、まずはじめに、簡単に全文検索の仕組みについて説明していきます。そして、Elasticsearch がこの全文検索の仕組みをベースとしつつも、全文検索以外の幅広い領域で活用できる機能と特徴を備えていることを紹介していきます。

1-1-1 全文検索の仕組み

全文検索とは、前述のとおり、複数の文書を対象として特定の文字列が含まれる文書を探す技術ですが、これを実現する方法は大きく分けて次の 2 種類があります。

●逐次検索

・全文書を対象に、ファイルの内容を順次走査しながら目的の文字列を探す方法です。

・UNIX で言う grep コマンドと同じことを行う方式です。

・この方法はシンプルですが、検索の対象となる文書の数や量が大きいと現実的な時間内に処理が完了しないことがあります。

●索引型検索

・事前に文書を高速に検索できるような索引を構成しておいて、検索時にはこの索引をキーに目的の文書を探す方法です。
・検索対象のサイズが大きい場合には、効率の面から通常は索引型検索が使われます。
・索引は「**インデックス**」とも呼ばれます。

Elasticsearch は、この 2 種類のうち索引型検索を行うソフトウェアです。以降は、索引型検索について詳しく説明していきます。

■索引型検索と転置インデックス

索引型検索を行うための索引には、さまざまな形式がありますが、一般によく用いられるのは、文書内に含まれる各単語と、その単語が出現する文書（文書 ID）の組み合わせをインデックスとして構成する方式です。

こうすることで、検索時に索引となるキーワードが指定された際にそのキーワードが含まれている文章をすぐに探し出すことができます。この仕組みで構成されるインデックスのことを「**転置インデックス**」（Inverted Index）と呼びます。

索引となる転置インデックスデータは、対象文書の登録時に作成されて、文書とあわせて格納されます。一例として Figure 1-1 のような文章を検索システムに登録するケースを考えます。

Figure 1-1　転置インデックスの構成例

Document1: イベントが東京で開催される
Document2: 東京マラソンに参加する

単語	DocumentID
東京	1,2
イベント	1
マラソン	2
…	…

転置インデックスを参照すれば、たとえば「**イベント**」という単語が含まれる文書がどれかがすぐにわかります。

ここで、文章に含まれる各単語をインデックスとして抽出する際に、英語であれば単語間の空白を区切りにします。日本語の場合には空白区切りは使われないため、文章を**形態素解析**という、名詞や動詞などの品詞単位に分解する処理を行って、各単語を抜き出して、インデックスを構成する方法が一般的です。

1-1-2 全文検索システムの構成と各構成要素の役割

このように全文検索システムの多くは、仕組みとして転置インデックスを用いた索引型検索を利用しています。では検索システム全体はどのような構成になっているのでしょうか。

全文検索システムも、要件に応じてさまざまな構成や機能を持つものがありますが、これを一般化すると、大きくは Figure 1-2 に示した要素から構成されます。

Figure 1-2 全文検索システムの構成要素

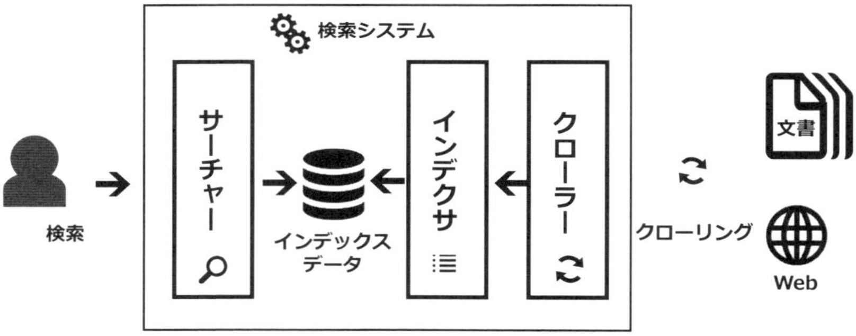

●インデクサ（indexer）

・対象ドキュメントから検索キーワードとなる単語を抽出して、インデックスのデータベースを構成します。

・インデックスデータベースには、メタデータとしての検索キーワードおよびそれに関連したドキュメントが格納されます。

●サーチャー（searcher）

・インデクサが構成したインデックスに基づいて、検索クエリの機能を提供します。

・検索サーバを利用するフロントエンドに対して、Java API や REST API などのインターフェースが公開されます。

●クローラー（crawler）

・検索エンジンのように、検索対象となるサイトからドキュメントを収集する必要がある場合は、クローラーを構成します。
・クローラーは、定期的に検索対象を巡回して、ドキュメントをインデクサに渡して、インデックスを更新します。
・定期巡回を行う必要がない場合は、クローラーを構成しないケースもあります。

これらの構成要素に、必ずすべてを備えなければいけない、ということではなく、システムの要件によって必要な要素を選んで構成することになります。

以下では、全文検索システムを構成する要素を 3 種類のレイヤに分類して、それぞれ提供する機能・範囲の違いや関係を整理します。

●検索ライブラリレイヤ

・コアとなるインデクサとサーチャーの機能を提供するレイヤとなるソフトウェア形態です。
・代表的なものに、Apache Lucene（ルシーン、以下 Lucene と表記）があります。Lucene は、転置インデックス方式の検索機能を提供するソフトウェアであり、Java で書かれたライブラリです。
・利用者は、文書のインデックス作成と全文検索を行う際には、Lucene を呼び出す Java プログラムを書いて実行する必要があります。

●検索サーバレイヤ

・検索ライブラリ単体で提供される機能を補完するために、インターフェースや管理機能を提供するレイヤです。
・代表的なものに、Apache Solr（ソーラー）や本書で紹介する Elasticsearch などがあります。
・Solr や Elasticsearch は、検索ライブラリである Lucene を補完するように REST API のインターフェース層を備えており、複数ノードからなるクラスタ構成をとることもできます。
・検索サーバである Solr や Elasticsearch に、REST API でインデックス作成指示や検索クエリを投げると、内部で Lucene の Java API を呼び出します。

●検索システムレイヤ（エンタープライズサーチ）

・検索サーバをベースにして、対象ドキュメントを自動で収集するクローラー機能や、Web

ユーザインターフェース機能などを付加したレイヤです。

- いわゆる Google 検索と同等の検索システムを企業内で実現して、社内文書の横断的な全文検索を実現するような、複雑な要件を備えた商用製品も数多く販売されています。これらの製品は、通称「**エンタープライズサーチ**」と呼ばれています。オープンソースでの代表的なプロダクトには、namazu や Fess などがあります。
- 検索システムは、ニュース情報など社外の情報を収集して検索機能を提供する使い方もありますし、社内でさまざまな情報をインデックス化しておいて、検索クエリによって横断的に情報を探し出す、という使い方もあります。

これらの関係を図に整理すると Figure 1-3 のようになります。

Figure 1-3　全文検索システムを構成する各構成要素のレイヤの関係

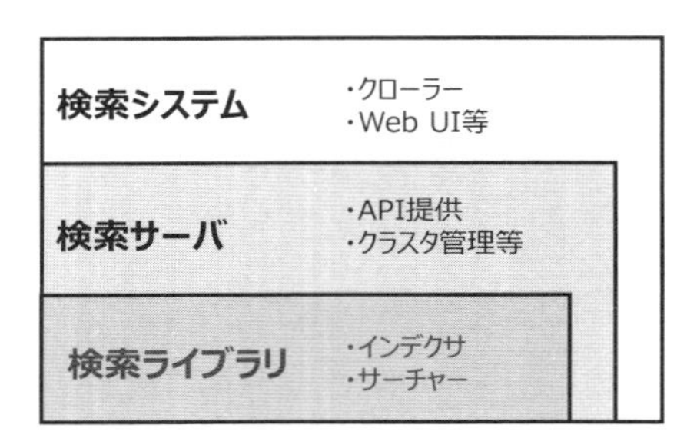

用途によっては、クローラーが不要で検索サーバまでを構成できればよい、といったケースもあります。たとえば、ログ分析の用途では、システムを構成する各サーバから Push 型でログデータを検索サーバへ送信するという使い方も多く、クローラーを使わずにインデックスすることができます。そのような場合には Elasticsearch などの検索サーバがよく使われています。

Elasticsearch の詳しい特徴はこの後に詳しく説明しますが、Elasticsearch が検索サーバとしての役割を持ち、内部では検索ライブラリである Lucene を利用していることは重要なポイントですので、ぜひ理解しておいてください。

また、関連する周辺ソフトウェアとして、ログやシステム情報の収集を行うツール、検索結果を GUI で可視化するツールを組み合わせて使うこともあります。これらは厳密には全文検索システムとは言えませんが、Elasticsearch と親和性の高い周辺ソフトウェアについては、後で合わせてご紹介します。

以上の背景をふまえて、Elasticsearch の特徴について、また Elasticsearch の利用用途や活用事例について紹介していきます。

Column　リレーショナルデータベースと全文検索システムの違い

全文検索システムは、対象となるデータを管理・蓄積するという意味では一種のデータベースとも言えます。全文検索システムもリレーショナルデータベースも、データを蓄積・管理するという機能面では共通しています。一方で、両者の違いとしては、リレーショナルデータベースが検索条件に合致するデータをすべて取得するのに対して、全文検索システムは検索条件にどの程度合致しているかをスコアで数値化することができます。スコアを比較することで、最も検索条件に合致している結果を探すという使い方ができます。

また、リレーショナルデータベースがトランザクション処理の信頼性を担保し、SQL をインターフェースとして汎用的に利用できるよう豊富な機能が提供されている一方で、全文検索システムでは検索処理のユースケースを主用途としているため、クエリ性能と大規模用途向けのスケーラビリティを相対的に重視したアーキテクチャになっています。

どちらも業務要件により、向いている、向いていないという特性がありますので、特性をよく理解した上で適切な選択をするようにしてください。

1-2　Elasticsearch の特徴

ここからは、あらためて Elasticsearch の特徴について詳しく説明していきます。

Elasticsearch は、Apache Lucene をベースとした、Java で書かれた全文検索ソフトウェアです。Elasticsearch にドキュメントを格納（インデックス）することで、さまざまな検索や分析を行うことができます。

もともと Elasticsearch は、Shay Banon によって 2004 年から開発されていた Compass という検索ソフトウェアが前身となっています。Compass は、彼の妻の料理レシピ情報を検索するためのアプリケーションとして、Lucene をベースにしつつもより簡単に扱える検索サーバとして開発されました。

Shay Banon は Compass の改善を続けていましたが、よりスケーラブルな検索ソリューションを実現したいと考えて、新しいソフトウェアを一から書き直すことを決心しました。そうして 2010 年に Elasticsearch の最初のバージョンが誕生しました。

Elasticsearch は、Apache License 2.0 のライセンス形態を持つオープンソースソフトウェアですが、Elasticsearch および関連ソフトウェアの開発は、オランダ・アムステルダムに拠点を置く Elastic 社によって行われています。

1-2-1 Elasticsearch のバージョンについて

Elasticsearch の最新バージョンは、本書執筆時点で 6.2 となっています。

Table 1-1 の表に、Elasticsearch の主要なバージョン番号とそのリリース日をまとめます。

Table 1-1 Elasticsearch のバージョンとリリース時期について

バージョン番号	GA(一般提供開始日)
0.4	2010-02-08
1.0.x	2014-02-12
2.0.x	2015-10-28
2.1.x	2015-11-24
2.2.x	2016-02-02
2.3.x	2016-03-30
2.4.x	2016-08-28
5.0.x	2016-10-26
5.4.x	2017-05-04
5.5.x	2017-07-06
5.6.x	2017-09-11
6.0.x	2017-11-14
6.1.x	2017-12-12
6.2.x	2018-02-06

Elasticsearch のバージョンは、2.4 の次が 5.0 となっています。これは後述する Kibana、Logstash、Beats などの周辺ソフトウェアも含めたいわゆる「Elastic Stack」全体でバージョン番号を統一することが目的となっています。これまでは Elastic Stack の各ソフトウェアのバージョンがバラバラでわかりづらいという声もあったのですが、5.0 以降のバージョンでは、各ソフトウェアのバージョンが統一されることになります。

Elastic 社は、Elasticsearch の開発メンテナンスおよびサポートに関しては、以下のようなポリシーを定めています。

●バージョン番号について

・バージョン番号は"x.y.z"（x：メジャーバージョン、y：マイナーバージョン、z：メンテナンスリリース）の形式で表されます。メジャーバージョンが 1 つ上がると後方互換性が失われる可能性があります。また、マイナーバージョンが上がる際にはさまざまな新機能が導入されることがあります。バグ修正のみを行う場合にはメンテナンスリリースが 1 つ上がります。

●サポートポリシー

・基本的に各リリースのGA（一般提供開始日）から18か月間はサポート期間として、バグ修正が行われます。

●メンテナンスポリシー

・通常は最新2世代のメジャーバージョンに対してのみメンテナンスが行われます。

・現在では最新メジャーバージョンが6.xで、最新の1世代前が5.xですので、6.2.xおよび5.6.xのリリースが維持されています。次のメジャーバージョンである7.0.0がGAになるタイミングで5.6.xのメンテナンスが終了する予定です。

最後に一点だけ、後方互換性に関する注意点をお伝えしておきます。それは、Elasticsearchで作成したインデックスが利用できるのは、1つ先のメジャーリリースまでという制限です。たとえば2.xの環境で作成したインデックスは、5.xの環境では動作しますが、6.xの環境では動作しないということを意味しています。この制限は、Elasticsearchが内部で利用しているLuceneのインデックスが同様の後方互換性の制限を持つことが理由です。Elasticsearchは非常にバージョンアップのスピードが速いソフトウェアですが、特にElasticsearchをメジャーバージョンアップする場合にはこの制限に注意してください。

1-2-2 Elasticsearch の特徴

Elasticsearchがオープンソースソフトウェアであり、ベースにLuceneを利用していることはすでに紹介しました。それ以外の機能面での主な特徴としては以下の4点があげられます。

●分散配置による高速化と高可用性の実現

●シンプルなREST APIによるアクセス

●JSONフォーマットに対応した柔軟性の高いドキュメント指向データベース

●ログ収集・可視化などの多様な関連ソフトウェアとの連携

以下では、それぞれの特徴について説明します。

■分散配置による高速化と高可用性の実現

Elasticsearch ではインデックスを作成すると、その内部ではシャードと呼ばれる単位に分割して格納されます。デフォルトでは 5 つのシャードに分散配置されます。

分散配置は一般的なデータベースでもよく見られるアーキテクチャです。格納するデータ量が増大するにつれて、サーバの CPU、メモリ、I/O 負荷が上昇して、性能が徐々に低下することがあります。このとき保持するデータを複数台のノードに分散して配置することで 1 台当たりのリソース負荷を減らすことができます。この仕組みは、**シャーディング**もしくは**パーティショニング**と呼ばれています。Elasticsearch でも同じようにインデックスのデータをシャード単位で分散保持する仕組みを備えています。

シャードに分割することのメリットとして、データを保持するノードを増やすことでインデックスの検索が分散処理されて並列で行えるため、検索性能が向上するという点があげられます。さらに Elasticsearch では、ノードを追加した際のシャードの再構成はすべて自動的に行われます。このため、基本的にはデータノードを追加するだけで性能がスケールするという特徴を持っています。

また、可用性を高める仕組みとして、各シャードに対して、**レプリカ**と呼ばれる複製を 1 つ以上持たせることができます。レプリカがあれば、シャードを保持するノードが 1 台ダウンしてしまった場合でも、レプリカをもとに自動復旧することが可能です。デフォルトでは各シャードに対して 1 つのレプリカが自動的に複製されます。

クラスタを構成する際に、データを保持するノード数に応じてシャードの数を適切に設定すれば、分散配置による高速化の恩恵を受けられますし、レプリカを持たせればサーバ停止によるデータロストを防止することができます。

■シンプルな REST API によるアクセス

Lucene では、インターフェースとして Java API によるアクセスをサポートしています。このため、インデックス作成や検索をするためには、Java プログラムを記述して、コンパイル・実行する必要があります。

Elasticsearch では、HTTP プロトコル上で REST API を使ったアクセスが可能です。インデックスの作成・検索はもちろん、Elasticsearch クラスタの管理・メンテナンスも含めて、すべての操作を REST API 経由で行うことができます（REST API 以外にも、Java、Javascript、C#、Python、Perl、Ruby、PHP といった主要な言語ライブラリ経由でのアクセスもサポートされています）。

Elasticsearch で REST API が使えることにはどのようなメリットがあるのでしょうか。

一つには、REST API の URL を見るだけで、どのようなリソースにどのような操作をしているかがクリアになるという点があげられます（「Column　REST API によるアクセス」参照）。REST API を扱えるクライアントツールも数多く公開されているので、簡単に Elasticsearch にアクセスするスクリプトやコードを作成することも可能ですし、REST API によって既存のさまざまなシステムとの連携も容易に実現できます。

Operation 1-1 と Operation 1-2 に、Elasticsearch に対するドキュメントインデックスおよびクエリの操作例を紹介します。詳細な操作方法については第 2 章で説明しますが、このように、操作がすべて REST API により行われるということを知っておいてください。

Operation 1-1　REST API によるアクセスの例（ドキュメントのインデックス）

```
$ curl -XPUT 'http://localhost:9200/twitter/doc/1?pretty' \
-H 'Content-Type: application/json' -d '
{
    "user": "kimchy",
    "post_date": "2009-11-15T13:12:00",
    "message": "Trying out Elasticsearch, so far so good?"
}'
```

Operation 1-2　REST API によるアクセスの例（ドキュメントのクエリ）

```
$ curl -XGET 'http://localhost:9200/twitter/_search?pretty=true' \
-H 'Content-Type: application/json' -d '
{
    "query" : {
        "match" : { "user": "kimchy" }
    }
}'
```

Column　REST API によるアクセス

REST API とは、HTTP プロトコルを使ってリソースの操作を表現する設計方法を指します。「リソース指向の設計」と呼ばれることもあります。

リソースの操作というのは、たとえば「ユーザの一覧を表示する」「注文を登録する」といったように「何を」「どうする」かを示したものです。「何を」に該当するリソースの情報と、「どうする」に該当する操作の情報を表現するためにREST APIでは次のような方法をとります。

- 扱う対象となる情報である「リソース」は、URIで一意に表現する
- リソースの「操作」は、HTTPメソッド（GET、PUT、POST、DELETE、HEAD）で表現する

REST APIには厳密な規定はないものの、シンプルで綺麗な設計をすることで開発者・利用者の双方が使いやすいAPIとなります。このため、REST APIの設計の良し悪しは、その製品にとって中核となるポイントになります。

たとえば、あるアイテムを管理するシステムのREST APIを考えます。アイテムの登録・参照・変更・削除といった操作を行うAPIを設計した場合、以下のようなREST APIは、URIパスの中にviewやcreateなどの動詞を含んでいるため、あまり望ましい設計とは言えません。

Code 1-1　REST APIの例（望ましくない例）

```
GET /items/view?id=1234
POST /items/create
DELETE /items/delete?id=1234
```

代わりに、次のようにリソースの操作を表す動詞部分は、HTTPメソッドで表現した方がより望ましい設計と言えるでしょう。

Code 1-2　REST APIの例（望ましい例）

```
GET /items/1234
POST /items
DELETE /items/1234
```

REST API設計のお手本として、TwitterやGithubなどのAPIセットが参照されることがあります。Elasticsearchでも、インデックスやドキュメント、ノードやクラスタといったすべてのリソースをURIで表し、これらをHTTPメソッドで操作します。もしREST APIの設計に興味がある方はElasticsearchのAPI仕様にも目を通してみると参考になると思います。

■ JSONフォーマットに対応した柔軟性の高いドキュメント指向データベース

Elasticsearchでは、インデックスやクエリの対象となるドキュメントを、すべてJSONフォーマットで表します。インデックス対象のドキュメント、検索クエリ、検索結果も、すべてJSONで表現します。

JSON（JavaScript Object Notation）とは、データ送受信に用いるシンプルで軽量な言語フォーマットです。JavaScript と名前が付いていますが、特に言語の依存性はなく、幅広いプログラム言語の間でのデータの受け渡しに利用できる他、クライアントとサーバ間や、プロセス間の通信などにも使うことができます。

Code 1-3　JSON オブジェクトの例

```
{
  "id": "12345678",
  "name": "Tanaka Ichiro",
  "age": 30,
  "work-start": "2005-04-01",
  "emptype": "regular",
  "address": {
    "line": "2-2-1 Ojima, Koto-ku",
    "city": "Tokyo",
    "postalcode": "168-0042"
  },
  "language": ["Japanese","English"]
}
```

リレーショナルデータベースでは、一般にデータを表形式で扱い、事前にデータ型をスキーマとして登録して使います。一方、Elasticsearch では、格納するドキュメントは事前にスキーマを定義しなくても、データを格納することが可能です。スキーマを定義せずにインデックスをした場合、格納するデータの値を見て、Elasticsearch が自動的にデータの型を推論してくれます（もちろん、明示的にスキーマを定義することも可能です）[*1]。

Elasticsearch では 1 件のレコードのことを「**ドキュメント**」と呼びますが、格納する各ドキュメントのデータ構造は、JSON フォーマットに従っていれば自由に定義することができます。

これまでは、データ設計を行いながらも、性能向上のための非正規化や要件の変更発生にともなうスキーマ定義の修正といった対応が必要になることもありました。Elasticsearch の場合は、データ設計としては JSON オブジェクトに表現できさえすれば、後はそのドキュメントを格納するだけで、各項目にインデックスが作成されて、格納後は素早くデータを検索できます。フィールド追加などの要件変更にも柔軟に対応することが可能で、結果として非常にアジャイルな開発フローが実現できます。

＊1　このようなスキーマ定義が不要である特徴を指して「**スキーマレス**」「**スキーマフリー**」などと呼ばれることがありますが、Elasticsearch ではスキーマ定義を省略した場合であっても型を推測してスキーマが自動生成されますので、スキーマがないわけではありません。

■ログ収集・可視化などの多様な関連ソフトウェアとの連携

Elasticsearch は単体で使っても十分優れたソフトウェアですが、関連するソフトウェアと組み合わせることで、全文検索にとどまらない幅広い用途に適用できます。特に、可視化を行う Kibana、ログ収集を行う Logstash、サーバからのメトリクスデータを収集する Beats と組み合わせて「Elastic Stack」と呼ばれるソフトウェア群全体で連携させることで、高機能なログ分析システムが簡単に構築できます。

これに加えて、Elastic 社からはセキュリティ、監視・モニタリング、機械学習による異常検知などの有償アドオンモジュールが「X-Pack」として用意されており、エンタープライズレベルの要件についても、これら関連ツールを使って実装が可能です。Elastic 社は検索サーバとしての Elasticsearch を軸にして、利用者の多様なニーズに対応できるポートフォリオを提供しています。

これ以外にも Elasticsearch と連携できるツール・製品も数多くあります。REST API によるシンプルなインターフェースというメリットを生かして、幅広く連携できる点も大きな特徴の一つです。

1-2-3　他の全文検索ソフトウェアとの比較

Elasticsearch と類似していてよく比較される全文検索ソフトウェアに、Apache Solr（ソーラー、以下 Solr と表記）があります。Solr は 2004 年に登場した全文検索ソフトウェアです。両者の共通点・違いを簡単に整理しておきましょう（Table 1-2）。

Table 1-2　Elasticsearch と Apache Solr の比較

	Elasticsearch	Apache Solr
実装言語	Java	Java
ライセンス	Apache License 2.0	Apache License 2.0
開発組織	Elastic 社	Apache Software Foundation
開発開始時期	2010 年	2004 年
バックエンド検索ライブラリ	Apache Lucene	Apache Lucene
クラスタ構成時の調停方式 (デフォルト)	内蔵の ZEN Discovery	Zookeeper を利用
シャード数の変更	インデックス作成後は変更不可	インデックス作成後も追加（split）は可
シャードの自動リバランス	可能	不可
可視化ツール	Kibana	Banana （Kibana をポーティングしたもの）

サポート提供	Elastic 社 （日本ではパートナー経由）が提供	OSS サポートベンダーが提供

細かな機能などの違いはあるものの、基本的な機能や特徴は両者とも非常によく似通っていると言えます。筆者も両方のソフトウェアを扱った経験がありますが、バージョンアップにともなって、両者の機能差は小さくなってきていると感じています。

あくまで参考までですが、両者の採用度合いをスコアで表した調査を db-engines.com というサイトが行っているので、紹介します（Figure 1-4）*2。

Figure 1-4　DB-Engines Ranking による Elasticsearch と Apache Solr の比較

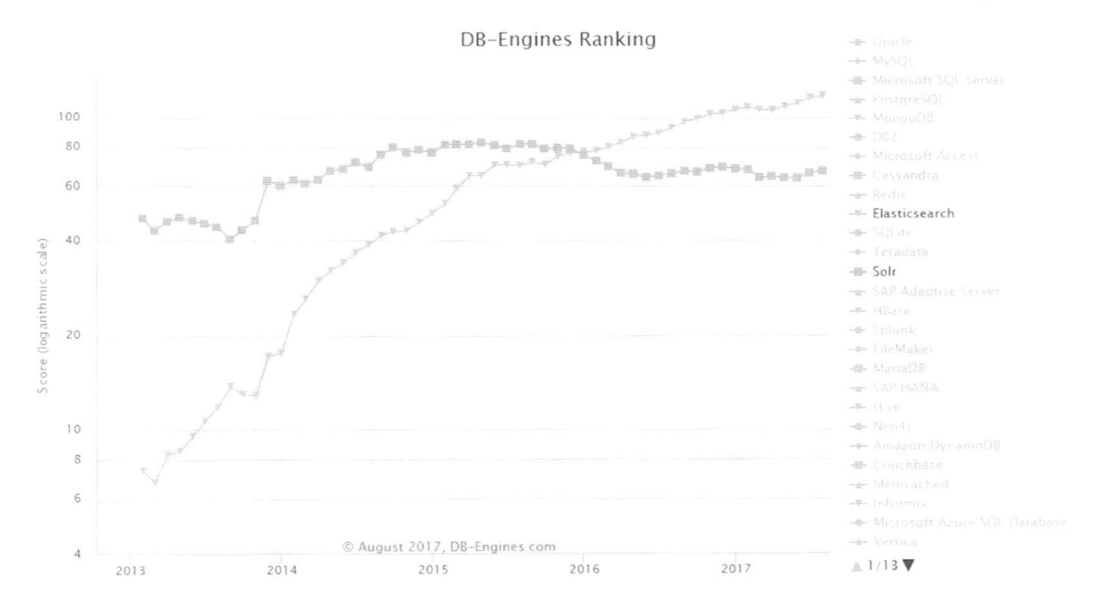

この調査は、そのソフトウェアに言及しているサイトの数、Google Trends の傾向、そのソフトウェアに関する求職数などをもとにして総合的にスコアリングした結果を時系列に表したというものです。

調査結果を見ると、2016 年を境に両者のスコアが逆転して、Elasticsearch のスコアが今も上昇を続けていることがわかります。ちょうど Elasticsearch 2.x のメジャーリリースが 2015 年末ごろ

＊2　DB-Engines Ranking - Trend Popularity
`https://db-engines.com/en/ranking_trend`

なので、2.x のメジャーリリースをきっかけに徐々に Elasticsearch の採用が拡大してきたという見方もできます。とはいえ、前述したように、両者に大きな機能差はありません。導入を検討する際には、連携する関連ソフトウェアの有無や、利用用途に応じた検証を行うなどして、どちらを使うかを選択すればよいでしょう。

1-3 Elastic Stack について

2016 年に、Elastic 社の創業者でもある Shay Banon は、それまで「ELK Stack」(Elasticsearch、Kibana、Logstash を合わせた総称) と呼ばれていた名前をあらためて、今後は「Elastic Stack」とすることを決めました。理由の 1 つには、Elasticsearch 5.0.0 のリリース時に Beats という 4 つ目のソフトウェアがポートフォリオに加わったためなのですが、もう 1 つは、これまでバラバラであった各製品のバージョン番号を統一するためという理由もあります。今後はバージョン番号が揃うだけでなく、これら 4 つの製品は開発・テスト・リリースも一緒に行われて統合管理されるようになります (Figure 1-5)。

Figure 1-5 Elastic Stack の構成

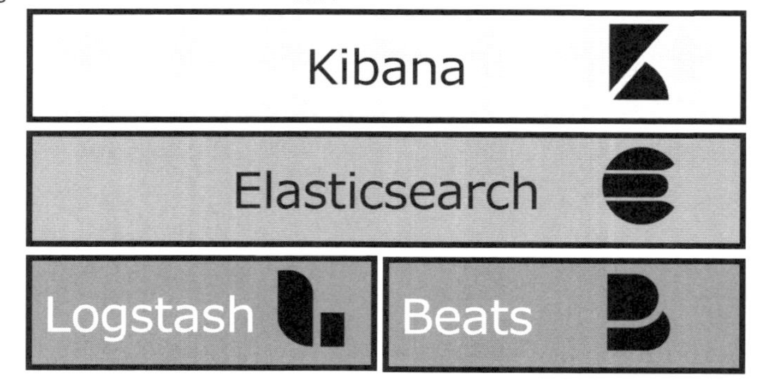

以下では、Elastic Stack を構成する Kibana、Logstash、Beats の概要について簡単に紹介します。システム構築の解説は、第 6 章で行います。

1-3-1 Kibana

Kibana は、Elasticsearch に格納されたデータをブラウザを用いて可視化するツールです。Kibana 自体は HTML と Javascript で書かれており、バックエンドとして Elasticsearch にクエリを投げて、検索結果を UI として表示するソフトウェアです (Figure 1-6)。

利用者が Elasticsearch に格納されたデータを分析する際に、直接クエリを投げてもよいのですが、Kibana の UI を使うことで、各種のグラフやヒストグラム、地図と重ね合わせた表示など、非常に表現力の高い可視化が手軽に実現できます。その他にも、Aggregation という Elasticsearch の強力な検索・分析機能を利用して、複雑なデータに対するドリルダウンを行ったり、一定間隔で自動的に画面表示をリフレッシュさせる機能を活用することで、常に最新状況を表示する分析ダッシュボードとして利用することもできます。

Figure 1-6 Kibana による可視化の例

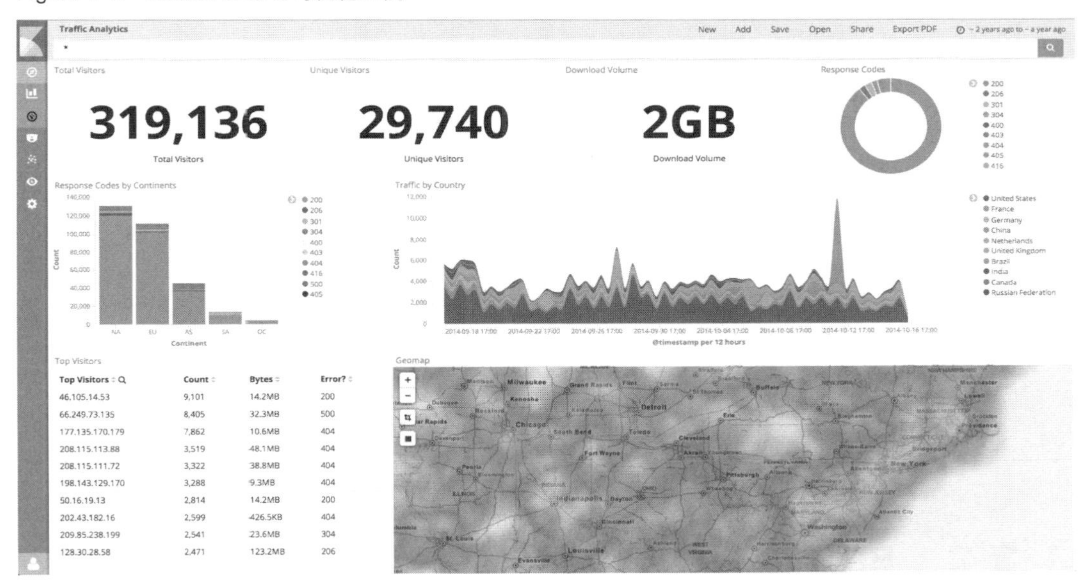

1-3-2 Logstash

Logstash は、データ、ログを収集・加工・転送するためのデータ処理パイプラインを実現するツールです。Logstash は「Input」「Filter」「Output」の 3 つの要素から構成されます。

- ●input：収集対象となるデータ種別に応じて、ログファイルの読み込み、データベース、ソケットからのデータキャプチャ、Twitter をはじめとした各種ネットワークサービスなどからのデータ取得を行います。豊富なデータソースに対応したプラグインが各種提供されています。
- ●Filter：入力したデータの変換、加工処理を行う機構です。
- ●Output：相手のシステムにデータを送信・格納する仕組みですが、Elasticsearch だけでなく、ファイル、メール、Kafka、MongoDB、Amazon S3 といったサービスにもデータを出力することができます。

Logstash は 200 を超えるプラグインを持ち、これらを組み合わせて容易にデータパイプラインを構成することができる点が特徴です（Table 1-3）。

Table 1-3　Logstash のプラグインの例

種別	プラグイン名	機能
Input プラグイン	beats	Beats からデータを受信する
	jdbc	JDBC データをイベントとして受け取る
	syslog	syslog メッセージをイベントとして受け取る
	twitter	twitter streaming API からイベントを受け取る
	grok	非構造データからデータを抽出する
Filter プラグイン	geoip	IP アドレスから地理情報を得る
	date	日付情報をパースして timestamp データにする
	json	json イベントをパースする
Output プラグイン	elasticsearch	Elasticsearch へ出力を行う
	file	ファイルへ書き出す
	kafka	kafka トピックへイベントを書き出す
	mongodb	MongoDB へイベントを書き出す

1-3-3　Beats

Beats は、メトリクスデータを収集、転送するための軽量データシッパーです。
Beats はデータ発生元となるサーバに、直接エージェントをインストールして動作させます。現時点では以下の 6 種類のエージェントがあり、集めたいデータにあわせてインストールして使うことができます。

- Filebeat：ログファイルの収集
- Metricbeat：サーバメトリクスの収集
- Packetbeat：ネットワークデータ（パケットデータ）の収集
- Winlogbeat：Windows イベントログの収集
- Heartbeat：稼働状況の収集
- Auditbeat：監査データの収集

Beats は、インストールしたサーバにできるだけ負荷を与えないように、収集したデータを Elasticsearch または Logstash に転送することだけを行います。もし、より高度なデータ処理がしたい場合や、Beats が提供しない入力データを扱いたい場合には、Beats の代わりに Logstash を使うようにします。

1-4 Elasticsearch のユースケース

Elasticsearch はもともと全文検索を実現するソフトウェアですが、前述のとおり、柔軟性や拡張性が高いため、単に文書を検索する以外にもさまざまな用途に活用できます。

ここでは、代表的なユースケースをいくつかご紹介します。

■全文検索

本来の利用用途である全文検索システムとしても、Elasticsearch は数多くの場面で使われています。本章の冒頭でも説明したように、全文検索システムとして構成するためには、検索対象となる文書を収集、格納する仕組みも必要となります。このため、インターネットやイントラネットを探索して文書を収集する、クローラーのようなサブシステムと組み合わせて使われることになります（Figure 1-7）。

Figure 1-7 全文検索システムの構成イメージ

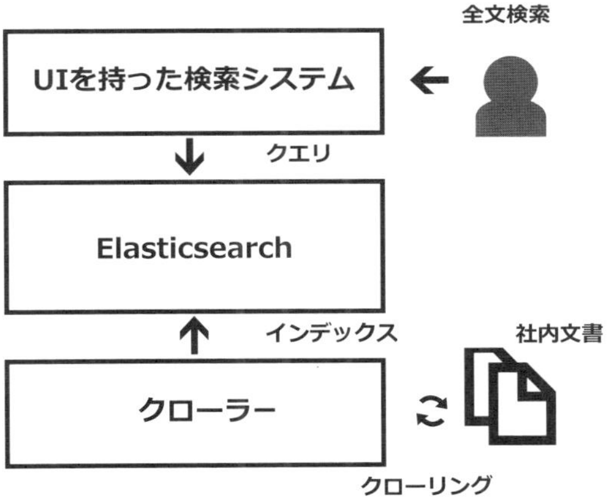

全文検索
UIを持った検索システム
クエリ
Elasticsearch
インデックス
社内文書
クローラー
クローリング

たとえば、社内に格納されている文書、情報、メールなどを Elasticsearch にすべて収集して、これらを横断的に検索できる仕組みを作ることで、社内の知識データベースを構成する、いわゆるナレッジマネジメントシステムを作ることができます。

また、EC サイトのような Web システムを利用するユーザ向けに、商品情報（商品名、価格・サイズなどの属性情報、商品説明、口コミなど）を Elasticsearch に登録して検索できるような仕組みも考えられます。絞り込み検索やハイライトなどの Elasticsearch の豊富な検索機能を活用することで、利用者の利便性を向上させることもできます。

■アクセスログとアプリケーションログ分析

全文検索以外で Elasticsearch がよく利用されるケースとして、ログ分析があげられます。システムが出力するアプリケーションログや、アクセスログなどのファイルを、1 か所に収集することで、分析を行うことが可能になります。Elastic Stack のようなログ収集や可視化の関連ソフトウェアと連携させることで、非常に簡単にスケーラブルなログ収集・分析システムを構成できるため、多くの利用者がログ分析として Elasticsearch を活用しています。

具体的な活用方法としては、業務に関するログファイルを定期的に Elasticsearch に収集して、クエリや可視化を使った分析を行う例があげられます。可視化や分析によって、ある傾向や問題点が見えてくることがあるため、分析結果をもとに、どのような施策・対策を打つことができるのかを判断し、業務の改善に役立てます（Figure 1-8）。

Figure 1-8　ログ分析システムの構成イメージ

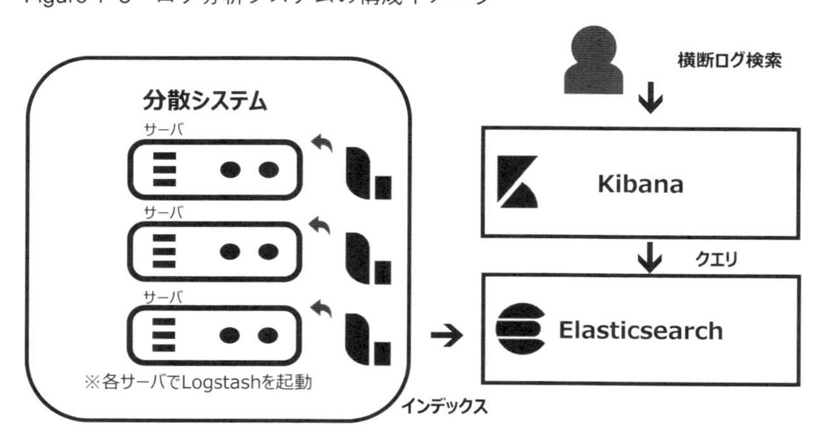

例として、ブログサイトを運用している管理者であれば、次のような可視化・分析方法が考えられます。

- どの記事が人気があるのかを、ページビューの多い順にソートする

- アクセス元 IP アドレスのデータから、どの地域からのアクセスが多いのかを分類する
- ユーザの使っているブラウザなどの端末情報の傾向を見る
- ステータスコード 500 などのエラー事象が発生していないかをチェックする
- ステータスコード 404 の発生数が異常に多いなどの不正アクセスの痕跡が残っていないかを確認する

■分散システムの横断ログ検索

先ほどのアクセスログ・アプリケーションログの分析と近いユースケースですが、ここで言う「**分散システム**」の意味は、役割を分担した複数台のサーバで構成されるシステムのことを指しています。あるシステムを 1 台のみではなく複数台のサーバで構成することは珍しくなくなりました。これは、可用性を高めるために 2 台以上のサーバで構成したり、あるいはユーザリクエストを処理するフロントシステムとデータベースのようなバックエンドシステムを分離することで拡張性・柔軟性を高めるためだったり、さまざまな背景があります（Figure 1-9）。

Figure 1-9　横断ログ検索システムの構成イメージ

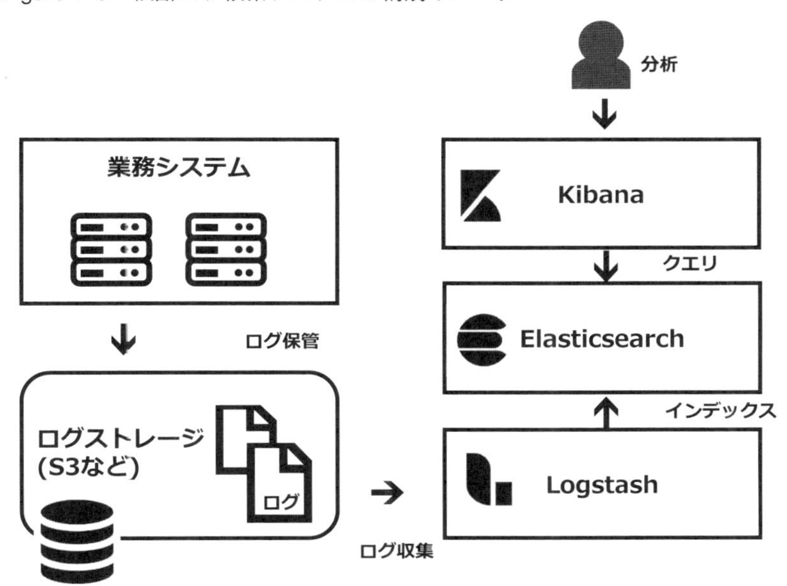

この際によく問題になるのが、エラーログやデバッグログを、全サーバ間で突き合わせして確認したいケースです。着目している事象に関するログは、各サーバに分散して、かつ、フォーマッ

トもおのおの異なる形で出力されているため、エラー発生時の原因調査などの場合に無駄に時間がかかってしまうことがあります。

ここで、各サーバのログを Elasticsearch に一括して収集するようにすることで、着目するキーワードを用いて、全サーバのログを対象に横断検索を行うことができます。この応用例として、システムを構成する各サーバで統一したリクエスト ID やイベント ID をシステムログに出力することで、分散したサーバのログの横断検索ができるため、格段に運用管理の効率が向上します。

■異常検知

異常検知とは、通常よく観測されるパターンから逸脱した事象を観測するための分析手法を指します。機械学習を用いた手法がいくつか提案されており、適用対象により適切な方法がありますが、Elasticsearch を利用して異常検知を行うこともできます。

1 つは、Elasticsearch の Significant Terms Aggregation という機能を使う方法です。この機能は、Aggregation と呼ばれる、クエリ結果を分類・集計する機能の副次的機能です。たとえば、あるシステムのアクセスログを分析する際に、「レスポンスタイムが 2 秒以上かかったリクエストに着目した際に、特に目立って多いブラウザ種別は何か？」「イギリス全土の犯罪記録のうち、ロンドン市内に限定した場合に目立って多い犯罪種別は何か？」といった分析を、クエリにより行うことが可能です。

もう 1 つは、第 6 章で後述する Machine Learning プラグインを使う方法です。Machine Learning プラグインは、Elastic 社が開発・提供している X-Pack という有償プラグインの機能の 1 つです。格納データに基づいて強力な異常検知を行う機能を備えており、株価データや企業の売上高のような時系列データを、統計的に処理して変化点を検出するような使い方が可能です。

■ IoT デバイスのセンサデータの可視化

Elasticsearch が扱えるのは、日本語の文章のような自然言語だけではありません。JSON フォーマットであれば、どのようなデータでも格納できるので、IoT デバイスからセンサデータを収集しているようなケースでも、Elasticsearch に格納して可視化・分析することが可能です。

特に、Kibana を使ってセンサデータの可視化を行うことで、データの傾向を直観的に理解することができるため、グラフを見て工場のラインの歩留まりが悪いエリアを探し出す、といった使い方が可能です。これまで管理できていなかったデバイスデータを収集することが、IoT 活用の第一歩ですが、Elasticsearch へデータを格納するだけで、収集したデータの可視化・分析が容易に行えるので、有用なユースケースの一つと言えるでしょう。

1-5 Elasticsearch の導入事例

前述したように、Elasticsearch の活用方法は幅広いため、導入事例も数多くあります。ここではその中から、Elastic 社が定期的に開催している「Elastic{ON}」というテクニカルカンファレンスにおける発表事例から、2 つだけ特徴的なものをご紹介します。

■日本経済新聞社

日本経済新聞社は、販売部数 270 万部以上の日経新聞と、日経電子版という PC やスマートフォンなどからアクセスできる媒体を提供しています。

日経電子版では数百万件ある記事の全文検索機能を提供しており、ここで Elasticsearch が使われています。また、アクセスログの分析にも Elasticsearch を利用しており、1 日当たり 3 億件にもなるアクセスログを数週間の間保持して、データ分析に活用しています。

記事の全文検索として Elasticsearch を利用するだけでなく、記事にアクセスした際のアクセスログの分析にも活用している点が特徴的です。

■ NAVER

LINE を運営する NAVER 社では、アプリケーションログの収集、解析を行うために Elasticsearch を利用しています。さまざまなシステムが、それぞれ異なるログフォーマットを持っており、これらを共通で分析できるログ解析基盤に Elasticsearch が使われています。

収集するログの量は 1 日約 2TB もあり、このため、8 つのクラスタを構成し、全部で 229 台のノードが稼働しているそうです。この事例では、全社横断的なログ分析基盤として、非常に大規模なシステムが構成され運用されています。

これら以外にも海外事例としては、GitHub、Netflix、CERN など数多くの事例があります[*3]。Elastic 社のサイトにも掲載されていますので、興味があればぜひ Elasticsearch の使い方の参考にしてみてください。

＊3 ユーザストーリー
https://www.elastic.co/jp/use-cases

1-6 まとめ

本章では Elasticsearch が登場した背景をはじめに説明し、その中でも、全文検索の仕組み、および、転置インデックスの仕組みを解説しました。Elasticsearch は検索ライブラリの Apache Lucene をベースとしており、便利な特徴をいくつも備えています。クラスタを簡単に構成することができ、インデックスは内部ではシャードと呼ばれる単位で分割されて分散配置されるため、高速化と高可用性が実現されています。また、REST API を使って JSON フォーマットの文書を扱えるという特徴を持ち、全文検索の用途のみでなく、ログ分析などの幅広い用途で使われていることも紹介しました。

Elasticsearch が登場したのは 2010 年です。これは他の全文検索ソフトウェアと比べると後発と言えます。しかし、後発であるがゆえに、今の時代に必要とされる多くの特徴が取り込まれたアーキテクチャになっています。

ちょうど 2006 年から 2010 年ごろにかけては、これまでにない新しい技術の波が次々と押し寄せてきた時代でした。Amazon Web Services が 2006 年に登場してクラウド時代の幕を開けました。同じ年には Hadoop が Apache のプロジェクトになり、スケールアウト型のデータ分析基盤が企業でも広く使われ始めます。また、多くの Web サービスでは Javascript が再注目され始めるとともに、JSON が RFC4627 として策定されたのもこの頃です。

Shay Banon は、前身である compass をよりスケーラブルにするために、Elasticsearch を一から作り直しましたが、背景にはこのような技術の潮流もあったものと考えられます。REST API インターフェースや JSON フォーマットの採用など、今のプロダクトに多く見られる特徴を備えたアーキテクチャであることも、利用者が現在も拡大している一因と言えるでしょう。

第 2 章では Elasticsearch の基礎として、あらためて用語を整理するとともに、システム構成やシステムの導入手順についても説明を行います。

第２章
Elasticsearchの基礎

第１章では、全文検索の仕組みとElasticsearchがどのようなソフトウェアなのか、その特徴や活用方法など、一般的な内容について紹介しました。

第２章では、Elasticsearchの構成方法や導入手順といった具体的な作業について解説します。また、その際に必要な用語や概念の説明も行います。Elasticsearchは手元の環境やクラウド環境でも容易に導入ができる製品です。本章の内容を読んで、実際にみなさんの環境でもElasticsearchを動かしてみていただくと、より一層理解が深まることと思います。

2-1 用語と概念

第 1 章で Elasticsearch の概要について紹介をしましたが、ここであらためて Elasticsearch で使われる用語と概念を整理して説明します。

Elasticsearch に固有の用語も多くありますが、大きく分けて以下のように論理的な概念と物理的な概念とで区分をすると理解がしやすくなるでしょう。

2-1-1 論理的な概念

まず論理的な概念として、Elasticsearch で扱われるデータがどのように表されるのかを見ていきましょう。それぞれの関係を理解するのが少し難しいかもしれませんが、最後に概念図を使って整理しますので、そちらも参考にしてみてください。

■ドキュメント（Document）

Elasticsearch に格納する 1 つの文章の単位を**ドキュメント**と呼びます。リレーショナルデータベースで言えば、テーブルに格納される 1 行のレコードに該当します。一般的なリレーショナルデータベースと異なるのは、Elasticsearch で格納するドキュメントは、JSON オブジェクトであることです。

Elasticsearch ではインデックスへの格納も検索もドキュメントの単位で行います。ドキュメントの中身は 1 つ以上のフィールド（フィールドについては後述）によって構成されます。ドキュメントの例として、氏名、年齢、住所、部署のフィールドを含んだ 1 人の従業員を表す JSON オブジェクトがあげられます。また、タイムスタンプ、リクエスト URL、ステータスコードなどのフィールドが含まれた Web サーバのアクセスログを JSON フォーマットにしたレコードもドキュメントの例としてあげられます。Code 2-1 はそのようなドキュメントの例です。

Code 2-1 ドキュメントの例

```
{
  "host": "192.168.100.50",
  "ident": "-",
  "user": "-",
  "date": "2017-09-10T17:35:01",
  "request": "GET http://www.example.com/index.html HTTP/1.1",
  "status": "200",
```

```
  "bytes": "1850'
}
```

ここで、ドキュメントを示すJSONオブジェクトの基本的な表記としては、全体を{ }で囲み、キーと値からなるフィールド要素を「**"キー":"値"**」の形式で表します。フィールド要素が複数ある場合には各要素をカンマ(,)で区切ります。フィールド要素は型に応じてさまざまな表記が可能ですが、記法については後述します。なお、JSON記法にはコメント構文がないため「"bytes": "1850" ### コメント」といった書き方はエラーになるので、注意してください。

ドキュメントをElasticsearchに格納する際には、各ドキュメントを内部で管理するためのIDが付与されます。IDはインデックスへ格納時にユーザが明示的に指定することもできますが、指定しなかった場合には、Elasticsearchが自動的にIDを採番します。

■フィールド(Field)

ドキュメント内の項目名(key)および値(value)の組をフィールドと呼びます。上記の例で言うと「"host": "192.168.100.50"」の部分が1つのフィールドに該当します。ドキュメントは1つ以上のフィールドから構成されます。なお、Elasticsearchにおける転置インデックスは、フィールドごとに作成、管理されています。このため、クエリを実行する際には、基本的にフィールド単位で検索をすることになります。

フィールドの値としてサポートされるデータ型についても簡単に説明しておきます。値に格納できるデータとしては、文字列、数値、日付などの基本データ型や、配列やネスト(入れ子)構造のデータのような複雑なデータ型も格納することができます。

以下に、よく使われる代表的なデータ型をいくつか紹介します。より詳細なガイドについては脚注のURL[*1]を参照してください。

●文字列を表すデータ型(text、keyword)

文字列を表すデータ型には、textとkeywordの2種類があります。同じ文字列を扱うデータ型が2種類あることで多少混乱するかもしれませんが、この2つは検索の目的によって使い分けるものだと考えてください。

＊1　Elasticsearch Reference - Field datatypes
https://www.elastic.co/guide/en/elasticsearch/reference/current/mapping-types.html

◇ text 型

text 型は、文字列からなる文章を格納するデータ型です。ニュース記事の本文、商品を説明する文章、blog のエントリ本文などに使うことができます。text 型のフィールドは、格納時にアナライザ（Analyzer）によって文章を構成する各単語に分割されて、分割された単語ごとに転置インデックスが構成されるという特徴があります。アナライザのふるまいについては第 4 章でも詳しく紹介します。ここでは、text 型のデータは格納する際に単語ごとに分割されること、また、クエリの際には単語を指定して検索する使い方になることを知っておいてください。

◆ text 型の例：{ "news": "Powerful hurricane heads toward Ireland." }

◇ keyword 型

keyword 型は、text 同様に文字列を格納できます。text 型との大きな違いとして、keyword 型は格納した文字列を「**完全一致**」で検索する用途で使います。keyword に格納したデータは、アナライザによる単語分割処理が行われません。たとえば、メールアドレスや、Web サイトの URL、タグ分類を行う際のタグ名といったデータは、分割せずに格納・検索したいケースが多いはずです。以下の例では、データは keyword 型として格納されていると想定します。keyword 型の場合、クエリの際に、部分文字列である`"yamada"`や`"example.com"`などを検索条件に指定してもヒットしません。完全一致となる、`"taro.yamada@example.com"`というクエリ条件で検索しなければヒットしないことに注意してください。

◆ keyword 型の例：{ "author": "taro.yamada@example.com" }

●数値を表すデータ型（long、short、integer、float など）

数値を表すデータ型として、long、short、integer、float など数値型に応じたさまざまな型が利用できます。これらのデータは数値の大小による比較が可能です。数値の範囲を指定したレンジ検索を行いたい場合にも、これらのデータ型が用いられます。

◆ long 型の例：{ "price": "3200" }

◆ float 型の例：{ "temp": "25.1" }

●日付を表すデータ型（date）

日付を表す際には、date という型で日付を表します。`"2017-09-10"`のような日付のみの表記、`"2017-09-10T17:30:10"`のような時刻も含めた表記、または`"14200952443003"`のように UNIX エポック（1970/1/1 0:00:00）からのミリ秒数での表記、といったフォーマットのいずれかを指定して使います。

◆ date 型の例：{ "birth": "2006-10-19T18:30:10" }

●真偽を表すデータ型（boolean）

真偽を表す際には、boolean という型を使います。"true"または"false"を指定できます。

◆ boolean 型の例：{ "completed": "true" }

●オブジェクトを表すデータ型（object）

JSON オブジェクトは、ネスト（入れ子）構造を持つことができます。Elasticsearch では object 型というデータ型を用いると、JSON オブジェクト自体をデータ型として扱うことができます。以下の例では、"book"という項目名（key）に対して、値（value）が JSON オブジェクト（{ "title": "Elasticsearch guide", "price": "500" }）となっています。

◆ object 型の例：{ "book": { "title": "Elasticsearch guide", "price": "500" } }

●配列を表すデータ型（array）

任意の型を配列として表すために、array 型というデータ型を定義することができます。このとき、配列の各要素は同じデータ型をとります。以下にいくつかの array 型の例を示します。

◆数値の array 型の例：{ "ids": [1, 2, 3] }
◆文字列の array 型の例：{ "city": ["Tokyo", "Osaka", "Nagoya"] }
◆object の array 型の例：{ "vms": [{ "host": "web01", "flavor": "small" }, { "host": "db01", "flavor": "large" }] }

Column　マルチフィールド型について

マルチフィールド型という、少し特殊なデータ型の使い方について紹介します。これは 1 つのフィールドに、同時に複数のデータ型を定義できる機能です。あるフィールドに対して、text 型による形態素解析された単語単位の検索と、keyword 型による完全一致検索の両方ともクエリで利用したい、という場合にはマルチフィールド型の機能が必要となることがあります。例として、アクセスログ分析をするために、クライアントの種別を格納するユーザエージェントの文字列をフィールドとして定義することを考えてみます。一般に、ユーザエージェントの文字列の構成は複雑で、部分的な文字列を見ても判別ができません。そこで、完全一致検索するための keyword 型が必要になります。

- IE10 の UserAgent：Mozilla/5.0（compatible; MSIE 10.0; Windows NT 6.2; Win64; x64; Trident/6.0）
- Chrome28 の UserAgent：Mozilla/5.0（Windows NT 6.1）AppleWebKit/537.36（HTML, like Gecko）Chrome/28.0.1500.63 Safari/537.36

一方で、"MSIE"や"Chrome"のような部分文字列を使った検索、集計などを行いたいケースも考えられます。このように、1つのフィールドに対して、複数の種類のクエリを実行するために、マルチフィールド型として text 型、keyword 型の両方を定義することが可能です。

実は Elasticsearch 5.0 からは、マッピング定義で型を明示的に定義していない状態で、文字列をインデックスに格納すると、そのフィールドはデフォルトで text 型と keyword 型のマルチフィールドとして定義されるようになっています。このため、実際には何も意識しなくても暗黙的にマルチフィールドが定義されるため、上記の例のような使い方はできるようになっています。逆に、暗黙的にマルチフィールドが定義されることで多少インデックス容量が増加するので、もし用途が明確であれば text 型もしくは keyword 型を明示的に定義する方が望ましいでしょう。

■インデックス（Index）

Elasticsearch においてドキュメントを保存する場所を**インデックス**と呼びます。ただし、格納したドキュメントがそのまま格納されているのではなく、後で検索を効率的に行うために、文書をアナライザによって単語に分割したり、転置インデックス情報を構成したりして、さまざまなデータ形式で保存されています。また、インデックスが格納される際には、一定数のシャードと呼ばれる単位に分割されて各ノードに分散して格納されています。なお、インデックスという言葉は、上記のように、格納される場所のことを指す他に、格納する動作自体のことを指す場合があります（「**インデックスする**」など）。混同を避けるために、格納する動作を表す際には、本書ではできる限り「**インデックスを作成する**」「**インデックスに格納する**」という表現を使うようにします。

■ドキュメントタイプ（Document type）

ドキュメントタイプは、ドキュメントがどのようなフィールドから構成されているか、という構造を表す概念です。

ドキュメントは複数のフィールドから構成され、ドキュメントの性質によって、どのような構造かが決められているものです。たとえば、日記やブログなどの文章を投稿するタイプのドキュメントであれば、ユーザ名、投稿日時、投稿本文、コメント、などが構成要素となるでしょう。このように、ドキュメントに含まれるフィールドの型や属性情報などのデータ構造が定義されたものを、ドキュメントタイプと呼びます。

Note　ドキュメントタイプ

Elasticsearch 5.x までは、1つのインデックスの中に、複数のドキュメントタイプを定義してまとめて格納、管理することができました。しかし、Elasticsearch 6.0 以降では1つのインデックスに格納できるドキュメントタイプは、1つのみとなりました。過去に Elasticsearch 5.x で作成した複数タイプを持つインデックスは、現状 Elasticsearch 6.x では機能しますが、次のメジャーリリースとなる Elasticsearch 7.0 以降では機能しなくなる予定です。

参考：https://www.elastic.co/guide/en/elasticsearch/reference/current/removal-of-types.html

■マッピング（Mapping）

ドキュメントタイプを具体的に定義したものとして、ドキュメント内の各フィールドのデータ構造やデータ型を記述した情報を**マッピング**と呼びます。各フィールドのデータ型を、Operation 2-1 のようなマッピング定義を行って宣言できます。

Operation 2-1　マッピングを定義するコマンドの例

```
$ curl -XPUT http://localhost:9200/my_index/_mapping/tweet \
-H 'Content-Type: application/json' -d '
{
  "properties" : {
    "user_name" : { "type" : "text" },
    "message" : { "type" : "text" }
  }
}
'
```

ここでは"my_index"というインデックスの"tweet"というドキュメントタイプにおいて、"user_name"、"message"というフィールドをそれぞれ text 型として定義しています。

ただし Elasticsearch では、必ずしも事前にこのようなマッピングを定義していなくてもドキュメントを格納できます。事前にマッピングが定義されていない場合、Elasticsearch が各フィールドのデータ型を推測して、自動的にマッピングを定義してからドキュメントを格納してくれます。

ここまで論理的な概念として、ドキュメント、フィールド、インデックス、ドキュメントタイプ、マッピングについて説明しました。それぞれの関係を整理するために、包含関係を表した概念図を示します（Figure 2-1）。

1つ以上のフィールドを持つドキュメントが格納される場所がインデックスです。この際に各ドキュメントの構造を表す概念としてドキュメントタイプがあり、インデックスに1つだけ定義されます。ドキュメントタイプにおいて、フィールドのデータ型などの具体的な定義を行うのがマッピングとなります。

Figure 2-1 インデックス、タイプ、ドキュメント、フィールドの概念図

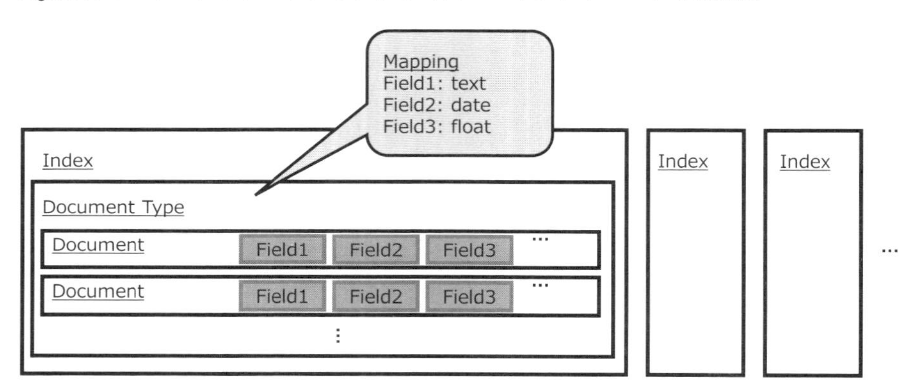

2-1-2 物理的な概念

次に物理的な概念として、Elasticsearch が動作するサーバ（群）の中身を見ていきたいと思います。本節の最後にそれぞれの関係を概念図で整理します。

■ノード（Node）

Elasticsearch が動作する各サーバのことを、ノードと呼びます。Elasticsearch は Java VM 上で動作しますので、Elasticsearch が動作する1つの JVM インスタンスのことを、ノードと考えても構いません。各物理（または仮想）サーバの OS 上に1ノードだけ起動するのが典型的なデプロイ方法ですが、1つの OS 上に複数の Elasticsearch ノードを起動することも可能です。

各ノードは設定ファイルで指定できる一意のノード名（node.name）を持っています。

Note　複数ノードのポート番号

1つのOS上で複数のElasticsearchノードを起動する場合は、リスンするポート番号や、データ格納用ディレクトリなどが重複しないよう、構成設定には注意が必要です。

■クラスタ（Cluster）

Elasticsearchは複数のノードを起動すると、お互いにメッセージを送信し合い、自律的にノードのグループを形成することができます。協調して動作するこのノードグループのことを、**クラスタ**と呼びます。各ノードは設定ファイルで指定できる一意の**クラスタ名**（cluster.name）を持ち、同じクラスタ名を名乗るノードグループを見つけると、これらのノードは同一のクラスタを形成します。逆に、2つのノードグループにそれぞれ異なるクラスタ名を設定することで、2つのクラスタを稼働させることもできます。

Elasticsearchでは、複数のノードでクラスタを構成することを最初から想定して設計されており、ノード名やクラスタ名などの簡単な設定を行うだけでクラスタを構成できます。クラスタ構成時の設定方法の詳細については、後述するElasticsearchの導入に関する節にて説明します。

■シャード（Shard）

第1章でも紹介したように、Elasticsearchではインデックスのデータを一定数に分割して、異なるノードで分散保持することにより、検索性能をスケールできる仕組みを持っています。この分割した各部分のことを**シャード**と呼びます。

仮に1台のノードだけでインデックスを保持する仕組みだとすると、インデックスに格納されるドキュメント数が増大するにつれて、CPUやメモリ、ディスクなどのリソースが不足して、最終的には処理可能なリソースの上限に達してしまいます。Elasticsearchのように複数ノードで分割して分散保持・分散処理できるようにすることで、1台で処理できるよりもはるかに大容量のドキュメントを管理できるというメリットがあります。

シャードの実体は、具体的には各ノード上に作られるLuceneインデックスファイルです。Elasticsearchは分散したノード間で連携、協調しながら、各ノードローカルにあるLuceneインデックスファイルに対して、格納や検索などの操作を実行しています。

なお、シャードの数は事前に指定して決めておく必要がある点に注意してください。シャードの数は、インデックス作成時に指定できますが、インデックス作成後に増やすことができない仕様となっています。このため、将来的なデータ量の増大や、拡張可能なノード数を事前にある程度想定して、シャード数を決める必要があります。この問題については「**2-2-3 シャード分割とレプリカ**」の節で詳しく考えていきます。

■レプリカ（Replica）

シャードあるいはノードの可用性を高めるために、各シャードは自動的に複製される仕組みがあります。この複製のことを**レプリカ**と呼びます。複製元となるオリジナルのシャードを**プライマリシャード**と呼び、複製されるシャードのことを**レプリカシャード**と呼びます。インデックスが更新される際は、必ず最初にプライマリシャードに反映されてから、逐次レプリカシャードを複製するようになっています。

さて、ノードの可用性を担保するためには、プライマリシャードとレプリカシャードを同じノードに割り当てないようにする必要がありますが、Elasticsearchではこの点を考慮して、自動的に異なるノードへ割り当てる機能を持ちます。もしノード障害によりプライマリシャードが失われた場合は、レプリカシャードのうち1つが選定されて、自動的にプライマリシャードに役割が変更されます。

また、可用性以外にレプリカが有用なもう1つのケースとして、検索性能の向上があります。検索処理はレプリカシャードにも並列で行われるため、レプリカを構成することで検索性能が向上するというメリットがあるわけです。

前述したシャード数の設定とは異なり、レプリカ数の設定はインデックス作成後も動的に変更することができます。このため、可用性や検索性能の要件に応じて、柔軟にレプリカ数を変えるという運用も可能です。

ここまで物理的な概念として、ノード、クラスタ、シャード、レプリカについて説明しました。それぞれの関係を概念図で整理しましょう（Figure 2-2）。

このようにElasticsearchでは、各シャードおよびそのレプリカが各ノードに分散されて配置できる仕組みを持っており、ノード障害が起きても可用性が担保されるとともに、格納するドキュメント数が増えても検索性能が劣化しにくいという拡張性を備えたアーキテクチャとなっています。

Figure 2-2 ノードとクラスタの関係、および、シャード、レプリカの配置の概念図

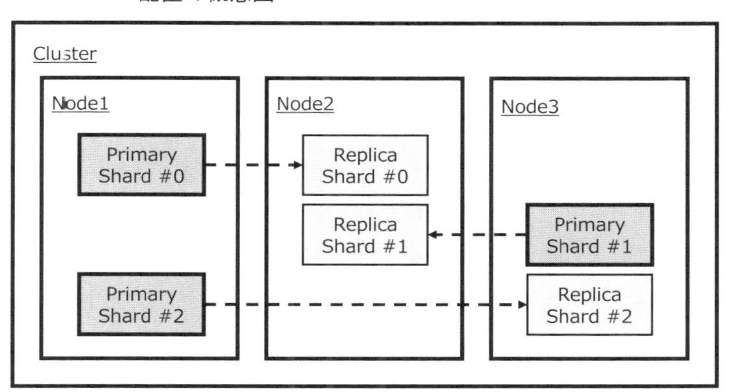

2-2 システム構成

Elasticsearch でよく使われる用語の確認を行ったところで、実際のシステム構成について紹介します。Elasticsearch は分散システムであり、クラスタを構成する各ノードがお互いに通信を行い、各ノード固有の役割を持って連携動作する仕組みがあります。

ここでは、各ノードの種別や役割について、またこれらをどのように組み合わせて構成するのかについて説明します。また、本節では説明のために、設定ファイルでの具体的な設定例をいくつか紹介していますが、全般的な設定方法については後の節であらためて説明しますので、ここではあくまで設定のサンプルを提示しているものとして参考にしてください。

2-2-1 ノード種別

Elasticsearch には、全部で 4 種類のノード種別（属性）があります。システムの規模や要件に応じて、1 台で複数の属性を持たせることもできますし、1 つの属性のみを持たせた専用ノードを構成することもできます。

- Master（Master-eligible）ノード
- Data ノード
- Ingest ノード
- Coordinating ノード

Note　Tribe ノード

Elasticsearch 5.4までは上記以外にTribeノードと呼ばれる、複数のElasticsearchクラスタにまたがって操作を行えるノード種別がありました。Elasticsearch 5.4以降では、Tribeノード機能は非推奨となり、これに代わるCross Cluster Searchという機能が開発されました。Cross Cluster Searchは複数クラスタの構成で使われる応用的な機能であるため、本書ではCross Cluster Searchの説明については割愛します。

デフォルトの設定では、各ノードは、Master（Master-eligible）ノードとDataノードとIngestノードの役割をすべて持つようになっています。小規模構成の場合には、1台～数台のデフォルト設定ノード（Master（Master-eligible）兼Data兼Ingestノード）を構成するケースもよく見られます。台数が増えてくると、これらの役割を分離して、それぞれの役割を単体で担う専用ノードを構成することも有効と言えます。

まず、それぞれのノードの役割について見ていきましょう。

■ Master（Master-eligible）ノード

Elasticsearchクラスタは、必ず1台のMasterノードを持つ必要があります。Masterノードは、クラスタ管理を行うノードとして以下の役割を担います。

- ●ノードの参加と離脱の管理

  Masterノードは、定期的に全ノードに対して生存確認のためのpingを送信し、各ノードからの返信の有無で生死判定を行います。

- ●クラスタメタデータの管理

  クラスタ内のノード構成情報、インデックスやマッピングに関する設定情報、シャード割り当てやステータスに関する情報を管理し、更新情報を随時各ノードに伝達します。

- ●シャードの割り当てと再配置

  シャードに関する情報をもとに、新しいシャードの割り当て、または、既存のシャードの再配置を実行します。

これらの管理タスクを行うMasterノードは、クラスタ内で常に1台存在します。しかし、その1台のMasterノードが停止してしまうと、Elasticsearchクラスタの機能が停止してしまいます。このため、Master ノードが停止した際に、Master に昇格できる候補のノードを準備しておくことができます。この Master 候補ノードのことを Master-eligible ノードと呼びます。「eligible」という単語は、日本語では「**適格**」と訳されます。複数の Master ノード候補となる「**適格な**」ノードの中から、1 台だけ Master ノードを選定する仕組みのため、このような呼び方をします。なお、Master ノード選定の仕組みについては、この後の節で詳しく説明します。

デフォルトの設定では、すべてのノードが Master-eligible ノードの役割を持っています。もし他の役割を持たせずに Master-eligible 専用のノードとして構成したい場合は、そのノードの設定ファイル elasticsearch.yml のノード種別の項目を、Code 2-2 のように設定してください。デフォルトの設定値では 3 つのパラメータ値がすべて true となっているのですが、Code 2-2 のように node.master のみ true として残りを false と設定することで、Master-eligible 専用のノードとして起動します*2。

Code 2-2　専用の Master-eligible ノードを構成する設定の例

```
node.master: true
node.data: false
node.ingest: false
```

■ Data ノード

Data ノードは、Elasticsearch におけるデータの格納、クエリへの応答、また内部的に Lucene インデックスファイルのマージなどの管理を行う役割を持ちます。

また、Data ノードはクライアントから受け付けたリクエストのハンドリングも行います。クライアントがドキュメントをインデックスに格納すると、格納対象となるシャード番号を決定して、そのシャード番号を保持している Data ノード（これは自ノード以外となる可能性もあります）へ処理をルーティングします (Figure 2-3)。

一方で、クエリ処理の場合は、クエリ内容に対応する 1 つ以上のシャードを持つノードへルーティングを行い（scatter フェーズと呼ばれます）、各ノードからのレスポンスを集約して（gather フェーズと呼ばれます）、まとめられた結果をクライアントへ応答します (Figure 2-4)。

＊2　設定ファイル elasticsearch.yml におけるノード種別の設定方法の詳細は「2-4-5 Elasticsearch のインストール（クラスタ環境）」で後述します。以下、他のノード種別の設定も同様です。

Figure 2-3 インデックス処理で行われるルーティング

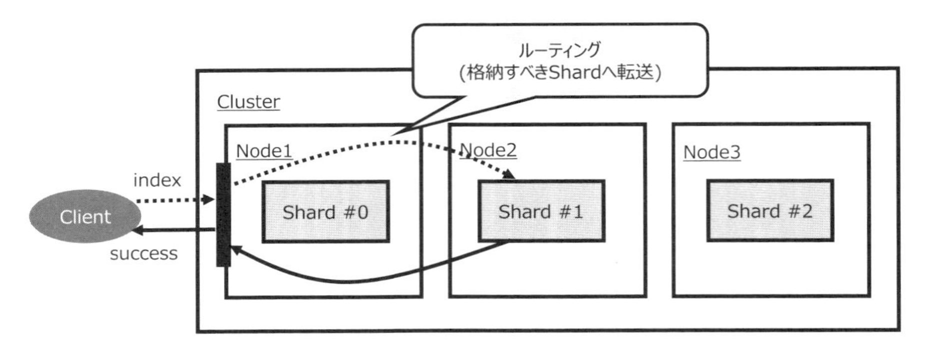

Figure 2-4 クエリ処理で行われる scatter と gather

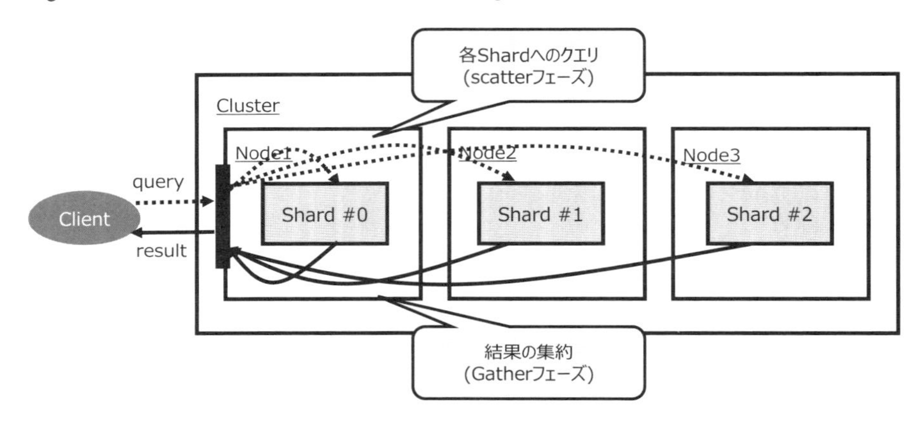

デフォルトの設定では、すべてのノードは Data ノードの役割を持っています。もし他の役割を持たせずに専用の Data ノードとして構成したい場合は、そのノードの設定ファイル `elasticsearch.yml` のノード種別の項目を Code 2-3 のように設定してください。

Code 2-3 専用の Data ノードを構成する設定の例

```
node.master: false
node.data: true
node.ingest: false
```

■ Ingest ノード

Ingest ノードは、Elasticsearch 5.0 から新しく登場したノード種別です。これは Elasticsearch ノードの内部でデータの変換や加工といった、従来 Logstash で行う処理を実行できる機能です。Ingest ノード上で処理フロー（pipeline とも呼ばれます）を定義すると、クライアントから送られたデータを pipeline で前処理することができます。処理後のデータは Data ノードに送られてインデックスに格納されます。Ingest ノードを構成した場合であっても、必ずしも pipeline を定義する必要はありません。要件に応じて pipeline を定義してください。

デフォルトの設定ではすべてのノードは Ingest ノードの役割を持っています。もし他の役割を持たせずに専用の Ingest ノードとして構成したい場合は、そのノードの設定ファイル `elasticsearch.yml` のノード種別の項目を Code 2-4 のように設定してください。

Code 2-4　専用の Ingest ノードを構成する設定の例

```
node.master: false
node.data: false
node.ingest: true
```

■ Coordinating ノード

Coordinating ノードでは、クライアントからのリクエストのハンドリングのみを実行します。すなわち、インデックス処理時に適切なプライマリシャードを持つ Data ノードへルーティングを行う、あるいは、クエリ処理時に scatter と gather を専門に行うための専用ノードとなります。Figure 2-5 に、クエリ処理時に Coordinating ノードが行う scatter と gather の様子を示します。

デフォルトの設定では、すべてのノードは Coordinating ノードの役割を持ちます。もし他の役割を持たせずに専用の Coordinating ノードとして構成したい場合は、そのノードの設定ファイル `elasticsearch.yml` のノード種別の項目を Code 2-5 のように設定してください。

Code 2-5　専用の Coordinating ノードを構成する設定の例

```
node.master: false
node.data: false
node.ingest: false
```

Figure 2-5 Coordinating ノードで行われる scatter と gather

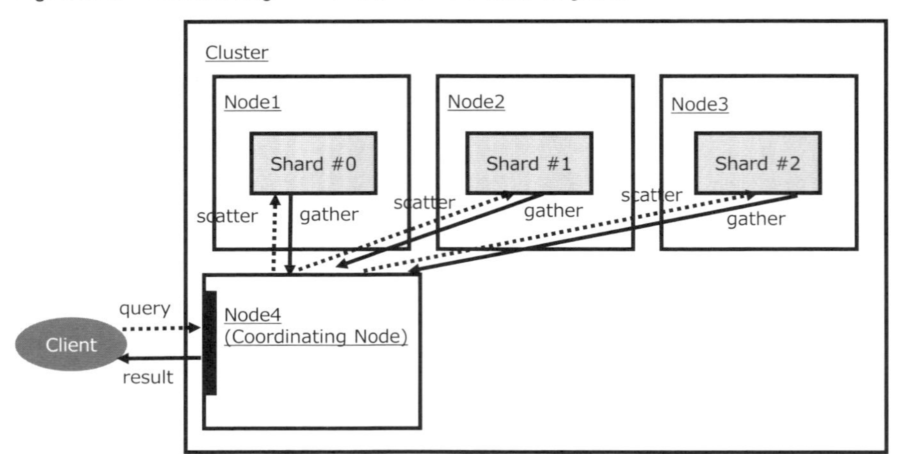

お気付きかもしれませんが、Coordinating ノードとは、Master-eligible の役割も Data の役割も Ingest の役割も持たず、リクエストのルーティングや scatter/gather のみを専用で行うノードを意味しています。このような専用の Coordinating ノードが必要になる場面としては、いわゆるリクエスト処理の負荷分散を行いたいケース、あるいは、検索結果のマージや aggregate などの負荷のかかる集計処理を Data ノードに行わせずに別の専用ノードで行いたいケースが考えられます。ユースケースとしてこのような使い方がある場合には Coordinating ノードを構成することも検討してください。

2-2-2 Master ノード選定とノードのクラスタ参加

Elasticsearch はクラスタ構成を組むことで高い可用性と拡張性を実現できます。しかし、Elastic search に限らず一般的な分散システムでは、複数ノードを調停して正しく状態管理するということは非常に困難をともなう問題です。なぜならば、注意深く設計された分散システムでなければ、障害時に意図しないサービス停止が起きたり、クラスタ状態の不整合が発生したりするためです。

ここでは、Elasticsearch で複数ノードからなるクラスタを構成する際に、注意すべき点についてまとめます。

■ Master ノードの選定

Elasticsearch では、Master-eligible ノードの中から選出された 1 つのノードが、クラスタのリーダーとして状態管理の責任を持ちます。このときクラスタのリーダーとしてふるまうノードのことを、特に Master ノードと呼びます。たとえば、クラスタに新たにノードが参加した、あるいは、新しくインデックスが追加された、といったクラスタ状態の更新は必ず Master ノードが管理します。そして、Master ノードから各ノードへ随時情報が伝達されるようになっています。

Master ノードが停止するとクラスタが停止してしまうため、可用性の高いクラスタ構成にするためには、必ず複数台の Master-eligible ノードを稼働させて、障害発生時にはいつでも代替ができるようにします。

このように Master ノードを高可用性構成にする場合、Master-eligible ノードは 3 ノード以上の奇数台で構成してください。なぜなら 2 ノードや 4 ノードなどの偶数台で構成する場合には、**スプリットブレイン**（`"split-brain"`）の問題が起きる可能性があるためです。

スプリットブレインとは、わかりやすく言うと、Elasticsearch クラスタが 2 つに分断されて、かつ、それぞれのクラスタ上で Master ノードが独立して稼働してしまう状態のことを指します。

仮に 2 ノードの Master-eligible ノードがあって、片方のノードが Master ノードとしてクラスタを管理していたとします。このとき 2 つのノードを接続するネットワークスイッチに障害が発生したとすると、この 2 つのノードはお互いに通信ができない状態になります。それぞれの Master-eligible ノードは、自ノードから疎通できる範囲のクラスタ内には他にクラスタのリーダーがいないため、おのおののノードが（ほぼ同時に）Master ノードを名乗るようになります。

この状態で、クライアントからクラスタ状態を更新するようなリクエストがあると、クラスタ状態の更新が片方のクラスタのみに行われてしまいます。また、両クラスタ間の同期も行われないため、クラスタとしては不整合が起きた状態となってしまいます (Figure 2-6)。

スプリットブレイン状態を防ぐために、Elasticsearch では次の 2 つの対処が必要です。

- Master-eligible ノードの数を 3 以上の奇数にすること
- elasticsearch.yml 設定ファイルのパラメータ `"discovery.zen.minimum_master_nodes"` の数を Master-eligible ノード数の「**過半数**」に設定すること[*3]

`"discovery.zen.minimum_master_nodes"` が適切に設定されていれば、「**過半数**」の Master-eligible ノードが集まるグループでのみ Master への昇格が許可されるようになります。逆に Master-eligible

---

＊3　設定ファイル elasticsearch.yml における Master-eligible ノード数の設定方法の詳細は「2-4-5 Elasticsearch のインストール（クラスタ環境）」で後述します。

Figure 2-6　スプリットブレイン状態となった 2 ノードクラスタ

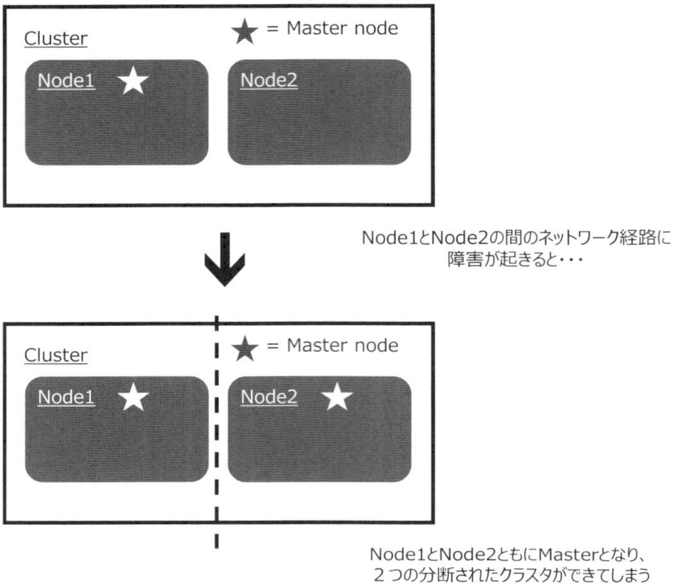

Cluster
★ = Master node
Node1 ★
Node2

Node1とNode2の間のネットワーク経路に
障害が起きると・・・

Cluster
★ = Master node
Node1 ★
Node2 ★

Node1とNode2ともにMasterとなり、
２つの分断されたクラスタができてしまう

ノード数が「過半数」に満たないグループでは誰も Master ノードに昇格できず、クラスタを形成することはできません。たとえば Master-eligible ノードが 3 ノードの場合を例にとると "discovery.zen.minimum_master_nodes" に設定する「過半数」は 2 となり、2 つ以上の Master-eligible ノードがいる側のグループでのみ Master ノードへの昇格が許可されます (Figure 2-7)。

「過半数」の算出方法を一般化すると以下のようになります。

● discovery.zen.minimum_master_nodes に設定する「過半数」の算出方法

N：クラスタ内の Master-eligible ノードの数

discovery.zen.minimum_master_nodes = N/2 + 1

（N/2 が整数でない場合は切り上げる）

なお、設定パラメータ "discovery.zen.minimum_master_nodes" のデフォルト値が 1 であることに注意してください。デフォルト値のまま 3 ノード構成で運用を行うとスプリットブレイン状態が起きる可能性があります。このため、Master ノードを 3 ノード以上の高可用性構成にする場合には、この設定パラメータの変更を忘れずに行う必要があります。

Figure 2-7　minimum_master_nodes の設定

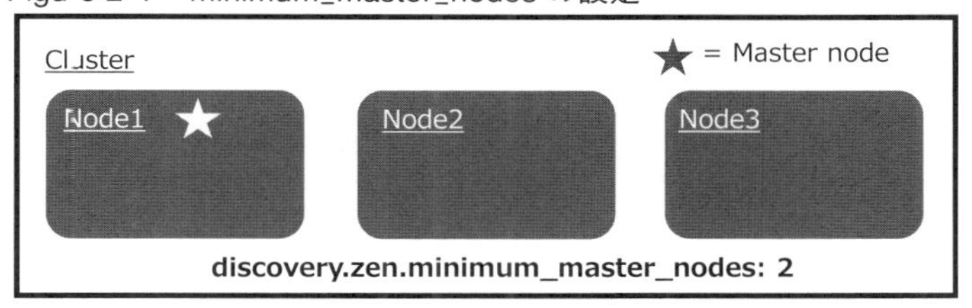

Node1,2とNode3の間のネットワーク経路に
障害が起きたとしても

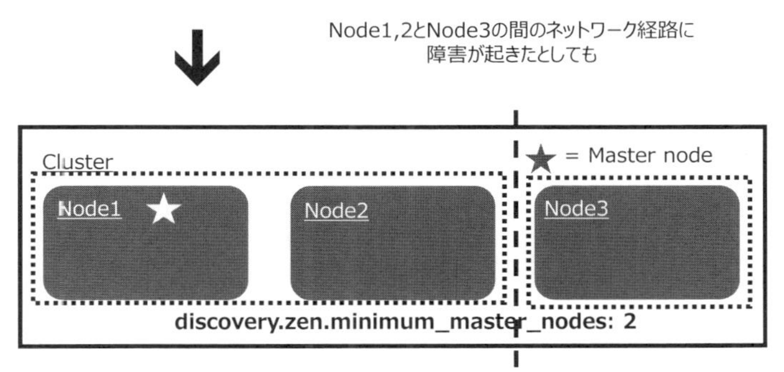

Node3の側には Master-elibigle ノードが1台しかいないため
Master ノードへの昇格が許可されない

Column　Master-eligible ノードを偶数台にすることは可能か？

結論から言えば、偶数台の Master-eligible ノードを構成することは可能です。ただし、以下の理由から推奨はできません。

● Master-eligible ノードを 2 台にした場合

"discovery.zen.minimum_master_nodes"の値は（2/2＋1）=2 となります。これは 2 台あるノードのいずれかがダウンすると、Master ノードへの昇格が許可されず、クラスタを構成できないことになるため、そもそも高可用性が実現できません。

● Master-eligible ノードを 4 台とした場合

"discovery.zen.minimum_master_nodes"の値は（4/2＋1）＝3 となります。つまり、4 台中 1 台までしか耐障害性がない構成となり、3 台構成の場合と変わらないことになります。同じことが 6 台以上の偶数台の場合にも当てはまり、一般に奇数台の場合と比較して効率が悪い構成となります。

Master-eligible ノードを偶数台で構成することも不可能ではありません。しかし、スプリットブレインを防止するという観点から「過半数」を算出するとこのような非効率な面があるため、あまり推奨はできないということになります。

■ノードのクラスタ参加

Elasticsearch では、各ノードは起動時に既存のクラスタに自動的に参加する仕組みを備えています。では各ノードはどのように検知され、クラスタに参加できるのでしょうか。

各ノードは起動時に、設定ファイルの`"discovery.zen.ping.unicast.hosts"`で定義されたノード（群）に接続を試みます。接続に成功すると、このノードはクラスタの一員として参加が認められることになります。

一度クラスタに参加すると、それ以降は Master ノードから全ノードに対して、生存検知のパケットが一定間隔で投げられます。また、各ノードからも Master ノードに対して、自ノードが稼働していることを示すためにパケットが一定間隔で投げられます。もしあるノードが停止していて、タイムアウト期間内に Master ノードへ応答できなかった場合、そのノードはクラスタから離脱したとみなされます。

■ノード検知とクラスタ形成のメカニズム（discovery）

Elasticsearch は分散環境において、上記のようにクラスタにノードを参加させたり、Master ノードを選定したりするメカニズムを持っています。この仕組みは「discovery」と呼ばれています。discovery の仕組みは Elasticsearch に内蔵されており、外部のソフトウェアを使わずに実現されています。

デフォルトでは Zen discovery というメカニズムが使われています。Zen discovery の主要なタスクは、Master ノードの選定と各ノードのクラスタ参加の管理となります。

Note　外部ソフトウェアを使用する例

外部のソフトウェアを使う例として、SolrCloud では Apache Zookeeper を利用して調停を行っています。また、検索エンジンではありませんが、最近の分散システムの例としては、コンテナオーケストレータの kubernetes が etcd を利用しているといった例もあります。

では、Zen discovery を使うためには、各ノードでどのような設定を行えばよいでしょうか。具体例を示すために、設定ファイル `elasticsearch.yml` における設定例[*4]を見てみましょう（Code 2-6）。

＊4　設定ファイル elasticsearch.yml におけるクラスタ参加に関する設定方法の詳細は「2-4-5 Elasticsearch のインストール（クラスタ環境）」で後述します。

Code 2-6　クラスタ参加に関する設定パラメータの例

```
cluster.name: my-cluster
discovery.zen.ping.unicast.hosts: ["master1", "master2", "master3"]
discovery.zen.minimum_master_nodes: 2
```

まず、クラスタ名を設定します。このクラスタ名をもとにして、ノード同士でクラスタを形成します。

次に、このノードから接続を行う Master-eligible ノードの、IP アドレスまたはホスト名を記載します。接続先が複数ある場合には、上記のように配列で記載できます。このとき、クラスタ上にすでに Master ノードが稼働しているかどうかによって、ふるまいが変わります。

●クラスタ上にすでに Master ノードがいる場合
- このノードは Master ノードに認知され、クラスタに参加できます。

●クラスタ上にまだ Master ノードがいない場合
- まず Master ノードの選定とクラスタの形成が行われます。
- このノードが Master-eligible ノードであれば他の Master-eligible ノードと調停を行い、Master ノードを 1 台選出して、クラスタを形成します。（ただし、minimum_master_nodes で指定された過半数ノードが集まらないとクラスタ形成できません。）
- このノードが Master-eligible ノードでなければ、上記のプロセスによるクラスタ形成を待って、新しいクラスタに参加できます。

注意点として、"discovery.zen.ping.unicast.hosts" パラメータのデフォルト値は ["127.0.0.1", "[::1]"] となっており、自ノード以外にクラスタ参加のリクエストを投げられないようになっています。これは、不用意に他ノードとクラスタが構成されないようにするためでもあります。したがって、複数ノードでクラスタを構成する場合は、必ずこのパラメータを適切な値に設定変更する必要があります。

最後に、デフォルトの Zen discovery 以外の discovery についても簡単に紹介します。以下のパブリッククラウドでは、各クラウド固有のノード間通信をサポートするために専用の discovery モジュールがそれぞれ提供されており、これらを構成します。

●Azure Classic Discovery：Microsoft Azure 上で discovery を行うためのモジュール

●EC2 Discovery：AWS EC2 上で discovery を行うためのモジュール

●Google Compute Engine Discovery：Google GCE 上で discovery を行うためのモジュール

Elasticsearch クラスタを上記の各パブリッククラウド上で導入する場合には、これらの各プラグインモジュールのインストールと設定が必要となります。各設定の詳細については紙面の都合上割愛しますが、Elasticsearch リファレンス[*5]の情報を参考にしてください。

2-2-3 シャード分割とレプリカ

ここまでのクラスタ構成についての説明をふまえて、シャードとレプリカの配置設定について考えてみましょう[*6]。

大量のドキュメントを、複数のノードで保持されているシャードに分散配置することで、検索性能をスケールさせることができる点はすでに説明しました。これにより、ノードの台数を増やすことで拡張性を高めることが可能です。しかし、Elasticsearch では前述したように、シャード数をインデックス作成時に決定する必要があります。インデックス作成後はシャードの数を増やすことができないためです。デフォルトのシャード数は 5 ですが、この値をいくつに設定するのが適切なのでしょうか。

同様に、レプリカ数の設定についても、可用性を高める目的と検索性能向上のためには、いくつに設定するのが適切でしょうか。どのような状況でも成り立つ回答というものは残念ながらありませんが、以下に検討すべき観点を示しておきます。

●シャード数についての検討観点

◇拡張可能なノード数に合わせてシャード数を設定する

本来のシャードの意義は、インデックスデータやその処理負荷を複数ノードで分散することでした。このため、5 つのプライマリシャードを 1 ノードに配置するとなれば、負荷は分散されないことから、過剰（overallocation と呼ばれる状態）であると言えるでしょう。

ただし、もしも将来的にノードを拡張する計画があるのであれば、将来のノード数の増加を見越したシャード数を設定しておくというのはよいプラクティスと言えます。

逆に、設定したシャード数より多くのノード数まで拡張してしまった場合（underallocation と呼ばれる状態）はどうでしょうか。この場合、拡張後のノード数に合わせてシャード数を増やしたいところですが、後からシャードを増やすことはできません。ノードを拡張し

＊5 https://www.elastic.co/guide/en/elasticsearch/reference/current/modules-discovery.html
＊6 シャード数とレプリカ数の設定方法の詳細は「3-2 インデックスとマッピングの管理」で説明します。

たとしても空きノードにシャードを追加割り当てできないため、負荷が偏った状態となってしまいます。このように、将来的なノード拡張計画を見越してシャード数を設定しておくのが一つの観点です。

◇インデックスに格納するデータサイズが十分小さい場合にはシャード数を1に設定する

シャード数は必ずしもノード数に合わせて決める必要はありません。仮にデータサイズが1つのシャードに収まるほど十分小さく、将来的にもデータサイズが増大しないことがわかっている場合には、はじめからシャード数を1に設定して運用することも十分合理的と言えます。目安としておおよそ20GB～30GB程度のデータサイズであれば、1つのシャードで格納して運用することも十分可能です。

●レプリカ数についての検討観点

◇検索負荷が高い場合にはレプリカ数も増やす

レプリカを使うメリットとしては、可用性の向上だけでなく、検索処理の負荷分散という面もあります。このため、Elasticsearchの用途としてインデックス負荷よりクエリ負荷の方が高いようなユースケースにおいては、性能チューニングの観点から、レプリカ数を多めに設定することも有効と言えます。ただし、レプリカシャードが増えると、それを格納するLuceneインデックスファイルのサイズもレプリカ数の分だけ増えるため、ディスク容量の増加にも注意するようにしてください。

◇バルクインデックスなどバッチ処理の際はレプリカ数を一時的に0にする

バッチ処理などで一度に大量のデータをインデックスに格納する際に、レプリカの複製処理のオーバーヘッドを回避するために、一時的にレプリカ数の設定を0にすることは、運用の観点から検討に値します。インデックス格納時にレプリカの複製処理が行われないため、短時間で処理が完了します。当然、データ投入時に障害が発生するというリスクもあるため、これらは、処理時間短縮というメリットと、障害発生リスクとのトレードオフになるでしょう。この場合、インデックス格納処理が完了したら、すぐに通常のレプリカ数に設定を戻しておくことを忘れないようにしましょう。

実際には、レプリカ数は、インデックス作成後いつでも変更できるため、負荷状況を見ながら柔軟に設定変更すればよいと言えます。一方で、シャード数はインデックス作成時に決めなければならないため、ある程度の方針を決めておく方がよいでしょう。

もし将来、データサイズもノード数も増える可能性があるのでしたら、ノード数よりもシャード数の方が多い（overallocation）設定にしておくのが望ましいと筆者は考えます。この状態では、一部のノードに複数のシャードがあるために、検索クエリの際に重複するシャードの分だけ多少のオーバーヘッドが見込まれますが、それほど大きなオーバーヘッドにはなりません。それよりも、逆にノード数よりもシャード数を小さく設定（underallocation）してしまった場合の方が、データが増えた際にノード拡張による負荷分散が行えないという点で、デメリットが大きいと考えられます。

いずれにせよ、もしもインデックスにこれ以上格納できなくなるような場合には、新たにインデックスを作りそちらに格納するか、既存のインデックスを作り直す（再インデックス）といった対応をとればよいでしょう。インデックスを作り直す際には今より大きなシャード数を設定しておくことで、ノード数に応じた適切な負荷分散が行えるようになります。

2-3　REST API による操作

Elasticsearch の特徴として、REST API を使ったアクセスが可能であることは第 1 章でも紹介しました。インデックスの格納、検索から、Elasticsearch クラスタの管理・メンテナンスまで、すべての操作を REST API 経由で行うことができます。

REST API 操作は Elasticsearch を扱う上で重要なポイントになるので、ここでは Elasticsearch で使われる REST API 操作の基本について、簡単に説明を行います。

はじめに、クライアントから Elasticsearch へ投げるリクエストの内容について見ていきます。次に、Elasticsearch から返されるレスポンスの内容について説明します。

2-3-1　リクエスト

まず Elasticsearch へ投げるリクエストについて、その中身を見ていきましょう。リクエストを構成する、特に重要な要素が 3 つあります。まず操作対象のリソースを表すための「API エンドポイント」、次に操作の種別を表す「HTTP メソッド」、そして操作の内容を表す「リクエストメッセージ（JSON オブジェクト）」です。以下ではこれらの要素について説明します。

●API エンドポイント

API エンドポイントとは、Elasticsearch サーバへアクセスする際の URI のことを指します。具体的には"http://< サーバ名 >:< ポート番号 >/< パス文字列 >/"といった文字列が API エンドポイントに該当します。API エンドポイントの文字列のうち < パス文字列 > の部分が、操作対象のリソースや呼び出す機能を表します。Elasticsearch では、Table 2-1 の例のように操作・管理対象ごとに異なる API エンドポイントを使い分けています。

Table 2-1　API エンドポイントの例

操作種別	API エンドポイント
インデックスの管理	http://< サーバ名 >:9200/< インデックス名 >/
タイプの管理	http://< サーバ名 >:9200/< インデックス名 >/< タイプ名 >/
ドキュメントの管理	http://< サーバ名 >:9200/< インデックス名 >/< タイプ名 >/< ドキュメント ID>/
クラスタの管理	http://< サーバ名 >:9200/_cluster
ノードの管理	http://< サーバ名 >:9200/_nodes

●HTTP メソッド

HTTP メソッドとは、API エンドポイントのアクセス時に同時に指定するもので、GET や POST、PUT などの種別があります。API エンドポイントが「**操作対象**」を表すものとすれば、HTTP メソッドは「**操作種別**」を表すものだと言えます。参照、作成、更新、削除といった種別を指定できます。

Elasticsearch では Table 2-2 の 5 つの HTTP メソッドが使われます。

Table 2-2　Elasticsearch で使われる HTTP メソッド

HTTP メソッド名	説明
GET	リソースの参照、取得
POST	リソースの作成
PUT	リソースの更新、作成
DELETE	リソースの削除
HEAD	リソースのメタデータの参照、取得

◇GET メソッド

GET メソッドは文字通り、リソースの情報を参照、取得するためのメソッドです。クエリを使った検索でも GET メソッドが使われます。また、インデックス定義やクラスタ情報といったシステムに関する情報の参照についてもすべて GET メソッドを用います。

◇POST メソッド

POST メソッドは、リソースを新規作成するためのメソッドです。POST とよく似たものとして、既存リソースの更新に使われる PUT メソッドがあります。非常に混同しやすいのですが、原則的には POST メソッドをリソースの新規作成に使うということを知っておいてください。

◇PUT メソッド

PUT メソッドは、サーバにある既存のリソースの内容を更新する、もしくは既存リソースがない場合は新規作成するためのメソッドです。POST との違いは前述したとおりですが、特に PUT メソッドでは対象となるリソースを明示的に指定する必要がある点に注意してください。リソースの指定は API エンドポイントを使って表します。

◇DELETE メソッド

DELETE メソッドは、サーバにあるリソースを削除するためのメソッドです。PUT と同様、対象リソースを明示的に API エンドポイントで指定します。

◇HEAD メソッド

HEAD メソッドは、GET メソッドで返されるレスポンスのうち、ボディ部分を省略してヘッダ部分のみを取得するためのメソッドです。比較的使う場面が少ないメソッドですが、たとえば特定の名前のインデックスが存在するかを調べる目的などで使うことができます。

Column　ドキュメントの登録は POST ? PUT ?

Elasticsearch の API のうち、参照・検索は GET メソッドを使いますが、ドキュメントの登録・インデックスを行う方法としては PUT と POST の 2 種類があります。以下の 2 つのコードはどちらも同じドキュメント登録操作を表しています。

Operation 2-2　PUT メソッドを使ったドキュメント登録

```
$ curl -XPUT 'http://localhost:9200/my_index/tweet/1' \
-H 'Content-Type: application/json' -d '
{
  "user_name" : "Yamada Taro",
  "date" : "2017-10-15T15:09:45",
```

```
  "message" : "This is test tweet."
}'
```

Operation 2-3　POST メソッドを使ったドキュメント登録

```
$ curl -XPOST 'http://localhost:9200/my_index/tweet/' \
-H 'Content-Type: application/json' -d '
{
  "user_name" : "Yamada Taro",
  "date" : "2017-10-15T15:09:45",
  "message" : "This is test tweet."
}'
```

2つの違いがわかりますか？　PUT はリソースを表すドキュメント ID（ここでは"1"）を指定しています。POST ではドキュメント ID を指定していません。ボディメッセージは同一です。

PUT ではリソース名を指定して操作を行うため、登録しようとするドキュメント ID を指定している点に着目してください。POST の場合にはサーバ側で自動的にドキュメント ID が採番されるため、指定する必要がありません。

PUT メソッドは新規作成だけではなく既存リソースの更新にも使われます。上記の例で、もし ID が 1 のドキュメントが先に存在していたとすると、これは既存ドキュメントの更新操作になります。仮に上記の PUT メソッドを 100 回実行した場合には、ID が 1 のドキュメントが 1 つだけ作られます（最初の 1 回目が新規作成、残りの 99 回は更新操作となります）。逆に上記の POST メソッドを 100 回実行すると ID の異なる新しいドキュメントが 100 個作られるという違いがあるわけです。

言い換えると、PUT メソッドは最終的な状態を指定する「べき等性」が考慮されていて、POST メソッドではそうではないと考えると違いがわかりやすいかもしれません。実際に Elasticsearch がそういう仕様であるとドキュメントに明記されてはいませんが、2 つのメソッドの違いを考える上での参考にしていただければと思います。

●リクエストメッセージ（JSON オブジェクト）

リクエストメッセージとは、リクエストボディ部分に格納する JSON オブジェクトのことです。リクエストメッセージ部分は操作内容に応じてさまざまな記載方法があります。クエリ内容を記述したり、インデックスに格納したいドキュメントを記述したり、クラスタの操作内容を記述したりできます。具体的な記載内容については、第 3 章以降で詳しく説明します。

また、操作内容によって、ボディ部分がないリクエストと、ボディ部分（JSON オブジェクト）があるリクエストがあります。ボディ部分があるリクエストを投げる際には、原則的に

「-H」オプションを用いて、リクエストボディの Content-Type を表すヘッダ情報を明示する必要があります。Elasticsearch の場合には、リクエストボディ部分は JSON オブジェクトであるため「-H 'Content-Type: application/json'」というオプションを付けてリクエストを投げます。Elasticsearch 5.x まではこのヘッダは省略できましたが、6.0 以降からは省略するとエラーになるので、注意してください。

最後に、実際に Elasticsearch に投げるリクエストの例を示します。これは Elasticsearch へドキュメントを PUT メソッドで格納する例です。これまで説明した API エンドポイント、HTTP メソッド、リクエストメッセージがすべて含まれていることを確認してください。

Operation 2-4　Elasticsearch のリクエストの例

```
curl -XPUT http://192.168.100.50:9200/my_index/tweet/1 \
-H 'Content-Type: application/json' -d '
{
  "user_name": "John Smith",
  "date" : "2017-10-15T15:09:45",
  "message": "Hello Elasticsearch world."
}
'
```

2-3-2　レスポンス

次に、Elasticsearch から返されるレスポンスについて見ていきます。ここでは、レスポンスを構成する重要な要素として「HTTP ステータスコード」と「レスポンスメッセージ」について簡単に説明します。

● HTTP ステータスコード

HTTP ステータスコードとは、HTTP レスポンスヘッダの先頭に含まれる 3 桁のコードです (Table 2-3)。リクエストの結果として、サーバ側で処理がどのように行われたか、処理結果の概要を表したものとなります。クライアントはこの HTTP ステータスコードを見れば、正常処理されたのか、サーバ側で問題が発生したのか、クライアント側に問題があるのかがわかるようになっています。

Table 2-3　HTTP ステータスコードの大分類

ステータスコード	意味
100 番台	情報を返すときに使われる
200 番台	リクエストが成功した
300 番台	リクエストのリダイレクトが発生した
400 番台	クライアント側の問題でエラーが発生した
500 番台	サーバ側の問題でエラーが発生した

Elasticsearch では、主に Table 2-4 のようなステータスコードを目にすることが多いと思います。

Table 2-4　Elasticsearch で使われる主なステータスコード

ステータスコード	事由	意味
200	OK	情報の取得や更新、削除に成功したとき
201	Created	Document の登録に成功したとき
401	Unauthorized	認証エラーが発生したとき
404	Not Found	指定したリソースが存在しないとき
409	Conflict	登録しようとしたリソースがすでに存在していたとき
500	Internal Server Error	サーバ側の処理エラー

このうち、ステータスコード 201 と 409 について、少し補足しておきます。

Elasticsearch では、ドキュメントの登録（インデックス）が成功した際には 201（Created）を返します。これは、リクエストされたドキュメントを正しく Elasticsearch に格納できました、という意味になります。見慣れないコードかもしれませんが、REST API でのリソース新規作成ではよく使われるコードです。なお、201 ステータスコード（Created）のレスポンスでは、作成できたリソースの URI を、Location ヘッダでクライアントにも伝えるのが一般的です。

409（Conflict）は、同じリソースを作成しようとして衝突（conflict）した場合に返されるステータスコードです。衝突（conflict）とは、たとえば同じインデックス、同じタイプ、同じ ID のドキュメントを 2 人のクライアントから登録しようとする状況を表します。この場合、後から登録しようとしたクライアントの処理は失敗して、Elasticsearch は 409（Conflict）を返します。

●レスポンスメッセージ（JSON オブジェクト）

レスポンスメッセージとは、レスポンスボディ部分に格納される JSON オブジェクトのことです。レスポンスメッセージ部分は処理結果に応じてさまざまな内容が含まれます。

例として、検索を行うとその結果として、レスポンスメッセージの中に検索結果が格納されます。それ以外にも、たとえば、インデックスを新規作成した際の成功、失敗といった操作結果や、クラスタ状態の確認操作をした結果として返されるクラスタの管理情報なども、レスポンスメッセージとしてクライアントに返されます。

実際に Elasticsearch から返されるレスポンスの例を見てみましょう。先ほどの Elasticsearch のリクエストの例のコマンドを実行した際に返されたレスポンスの例です。3 桁の HTTP ステータスコードと、JSON フォーマットのレスポンスメッセージが確認できます（JSON オブジェクト部分は見やすくするため改行しています）。

Operation 2-5　Elasticsearch のレスポンスの例

```
HTTP/1.1 201 Created
Location: /my_index/my_tweet/1
content-type: application/json; charset=UTF-8
content-length: 144

{
  "_index":"my_index",
  "_type":"tweet",
  "_id":"1",
  "_version":1,
  "result":"created",
  "_shards":
    {
      "total":2,
      "successful":1,
      "failed":0
    },
  "created":true
}
```

2-4　Elasticsearch の導入方法

用語や概念の確認、システム構成について理解したところで、実際に Elasticsearch をインストールしてみましょう。手順はそれほど難しいものではありませんので、もし手元に触れる環境があればぜひインストールして動作を確認してみてください。

なお、Elasticsearch はバージョンアップの速度が比較的速いソフトウェアです。インストール前にサイトの情報などを確認し、できるだけ最新の安定したバージョンをインストールしてみることをお勧めします。

以下では、本書執筆時点（2018 年 5 月）での最新バージョンである Elasticsearch 6.2 のインストール手順を説明します。

2-4-1　リソース要件

基本的には Java VM（以下、JVM）が動作する環境であれば Elasticsearch は動作します。また、Elasticsearch は物理サーバ、仮想サーバのいずれにも導入することができます。また、最近では docker コンテナとして動作する Elasticsearch のイメージも提供されています。

このため、簡単な動作確認や開発目的ということであれば、1 台のノート PC や仮想マシン 1 台でも動かすことは十分可能です。一方で、格納するドキュメントサイズが大きい場合や、レプリカを利用した可用性の高い構成を組む場合などには、複数ノードでクラスタ構成をとる必要がありますし、各ノードのリソース要件としてもいくつか考慮しておくべき点があります。

Elasticsearch はさまざまな利用用途に対応できる製品であるため、固定的なリソース要件というものはありません。そのため、ここで紹介する内容は大雑把なものになりますが、ある程度の要件の範囲は示しているので、実際の構成検討の参考にはなると思います。

■メモリ要件

動作確認や開発目的であれば、1GB～2GB 程度のメモリでも動作は可能ですが、本格的に利用する場合には、メモリは 8GB から 64GB 程度とするのが理想的です。

Elasticsearch では、データアクセスの際のキャッシュ用途でメモリを多量に使います。これらの処理は JVM のヒープ領域を使うため、JVM のヒープサイズは十分に確保する必要があります。ヒープサイズは、OS 全体のメモリ量の半分を上限として割り当てます。そして残りの半分は、OS がファイルシステムキャッシュに使うメモリとして残しておきます。OS のファイルシステムキャッシュは、Elasticsearch の内部で動く Lucene のインデックスファイルが保管される際に、キャッシュ領域として使われます。このため、Lucene の性能への影響も考慮して OS 側にも十分なサイズを割り当てておく必要があるというわけです。

なお、Elasticsearch に割り当てる JVM ヒープサイズの上限は、32GB としてください。JVM ヒープサイズが 32GB を超えると性能上の問題が起きると言われています。詳しい背景や理由については、脚注に示した URL のガイドでも解説されているので、ぜひ参考にしてください[*7]。

■ CPU 要件

CPU の要件はメモリと比較すると緩やかです。2 コアから 8 コア程度の CPU であれば十分だと言われています。

■ディスク要件

インデックス、クエリともにディスク I/O を必要とします。CPU、メモリのアクセス速度と比較するとディスクアクセスの速度は非常に遅いため、ディスクは性能上のボトルネックになりやすいポイントです。したがって、できる限り高速なディスクを利用することが望まれます。もし HDD でなく SSD を構成できるのであればぜひ SSD を選択してください。NAS のようなネットワーク越しのディスク構成も避けるべきです。

また、一般には RAID によるディスクの冗長化は行いません。なぜなら Elasticsearch にもレプリカによる複製機能が備わっているためです。Elasticsearch でもレプリカによる複製を行いつつ RAID によるデータの冗長化も行う必要はありません。ただし、RAID 0 のようなストライピングについては、この限りではありません。RAID 0 はデータの複製ではなく、ディスクアクセスを並列で行うため、高速な読み書きを行ううえで有効と言えるでしょう。

■ネットワーク要件

1GbE や 10GbE といった高速なネットワークを構成してください。ネットワーク帯域が特に必要となるのは、シャードの複製やリバランスを行う場面です。たとえば、ノードの追加や削除、故障などが起きた場合に、一時的に大量のデータがノード間を移動することになります。この間にも各ノードと Master ノードとの間では生存確認パケットが行き来しています。もしシャードの複製やリバランスの影響により生存確認パケットに伝送遅延が起きてしまうと、あるノードが誤っ

＊7 https://www.elastic.co/guide/en/elasticsearch/guide/current/heap-sizing.html

て障害と判定される可能性があります。そうするとノード障害によりさらなるシャードのリバランスが発生する、といった悪循環が発生する恐れがあります。

同様の理由により、クラスタを構成するノードを地理的に離れた場所に分散配置することも推奨されていません。

2-4-2 前提・導入準備（OSとJVMのバージョン）

Elasticsearchは主要なLinux OSおよびWindows OSで動作します。Elasticsearch 6.0/6.1/6.2でサポートされる主なOSとしては、CentOS/RHEL 6.x/7.x、Ubuntu 14.04/16.04、SLES 12、Windows Server 2012R2/2016、Debian 8/9などがあります。

Elasticsearch はJVM上で動作しますので、上記OSにJDK（Java Developement Kit）もしくはJRE（Java Runtime Environment）をインストールしておく必要があります。本書執筆時点（2018年5月）でサポートされているJVMのバージョンはOracle JVM 1.8u60以上か、あるいはOpenJDK 1.8.0.111以上となります。

サポートされるOSとJVMバージョンの情報は、Elastic社が提供するサポートマトリックスから参照することができますので、常に最新の要件を確認するようにしてください[*8]。

ここではElasticsearchの導入前準備として、OpenJDK8をCentOS 7あるいはUbuntu 16.04にインストールする手順を紹介します。

■ CentOS 7へのOpenJDK8のインストール

CentOS 7の場合は、yumコマンドにより簡単にインストールができます。インストール後には導入したJVMのバージョンを確認するコマンドも実行しておくようにします。以下ではJDKをインストールするために、java-1.8.0-openjdk-develという開発者向けパッケージ名を指定しています。JDKの代わりにJRE（パッケージ名はjava-1.8.0-openjdk）をインストールしても結構です。

Operation 2-6　OpenJDK8のインストールとバージョン確認（CentOS 7）

```
$ sudo yum install java-1.8.0-openjdk-devel
```

＊8　https://www.elastic.co/support/matrix

```
$ java -version
openjdk version "1.8.0_161"
OpenJDK Runtime Environment (build 1.8.0_161-b14)
OpenJDK 64-Bit Server VM (build 25.161-b14, mixed mode)
```

■ Ubuntu 16.04 への OpenJDK8 のインストール

Ubuntu 16.04 の場合は、先に OpenJDK 用のパッケージリポジトリを追加しておき apt-get コマンドを使ってインストールします。インストール後には JVM バージョンを確認するコマンドを実行します。以下では openjdk-8-jdk というパッケージ名で JDK をインストールしていますが、openjdk-8-jre というパッケージ名で JRE をインストールしても結構です。

Operation 2-7　OpenJDK8 のインストールとバージョン確認（Ubuntu 16.04）

```
$ sudo add-apt-repository ppa:openjdk-r/ppa
$ sudo apt-get update
$ sudo apt-get install openjdk-8-jdk
$ java -version
openjdk version "1.8.0_151"
OpenJDK Runtime Environment (build 1.8.0_151-8u151-b12-0ubuntu0.16.04.2-b12)
OpenJDK 64-Bit Server VM (build 25.151-b12, mixed mode)
```

Java がインストールできたら、Elasticsearch がリスンするポートのアクセス許可設定を行っておきましょう。OS によっては、デフォルトで 9200、9300 番ポートへのアクセスが許可されていない場合があるので、以下の手順で許可設定を行っておきます。

この手順を忘れると、特に複数ノードでクラスタを構成する際などに、お互いに 9300 番ポートでのノード間疎通が失敗して、クラスタが組めないといった状況が起きるので、忘れずに設定しておいてください。

■ CentOS 7 でのポート許可設定

CentOS 7 では、デフォルトで firewalld が動作しており、以下のコマンドで許可設定を行えます。

Operation 2-8　9200,9300 番ポートの許可設定（CentOS 7）

```
$ sudo firewall-cmd --add-port={9200/tcp,9300/tcp} --permanent
$ sudo firewall-cmd --reload
```

■ Ubuntu 16.04 でのポート許可設定

Ubuntu 16.04 では、ufw と呼ばれるファイアウォール設定ツールがあり、以下のコマンドで許可設定を行えます。

Operation 2-9　9200,9300 番ポートの許可設定（Ubuntu 16.04）

```
$ sudo ufw allow 9200
$ sudo ufw allow 9300
```

2-4-3　Elasticsearch のインストール（1 台環境）

JVM の導入が完了したら Elasticsearch をインストールします。ここでは、CentOS 7（64bit）および Ubuntu 16.04LTS（64bit）を想定した手順を紹介します。本書で使用した環境における OS、各種ソフトウェアのバージョンは以下の表のとおりです。

Table 2-5　OS および各種ソフトウェアのバージョン（CentOS 7 環境）

ソフトウェア	バージョン
OS	CentOS Linux release 7.4.1708 (Core)
Linux kernel	kernel-3.10.0-693.17.1.el7.x86
JVM (JDK)	java-1.8.0-openjdk-devel-1.8.0.161-0.b14.el7_4.x86_64
Elasticsearch	elasticsearch-6.2.1-1

Table 2-6　OS および各種ソフトウェアのバージョン（Ubuntu 16.04 環境）

ソフトウェア	バージョン
OS	Ubuntu 16.04.3 LTS

Linux kernel	4.13.0-1007-azure
JVM (JDK)	openjdk-8-jdk:amd64
Elasticsearch	elasticsearch-6.2.1

■インストール方法

Elasticsearch をインストールする方法は複数あるので、状況に応じていずれかを選択してください。

(1) OS ごとのパッケージリポジトリからインストールする手順
(2) tar.gz ファイル (zip ファイル) を用いたインストール手順
(3) Elasticsearch を Docker コンテナとして起動する手順

以下では (1) ~ (3) それぞれの手順を解説していきます。なお、(1) の手順は CentOS と Ubuntu とで差異がありますが、(2) および (3) は両方の OS で共通の手順となります。

■ OS ごとのパッケージリポジトリからインストールする手順

OS のパッケージリポジトリから専用のコマンドを使ってインストールを行います。

○ CentOS 7 への Elasticsearch のインストール

CentOS ではパッケージインストールに yum コマンドを用います。RHEL7 も同様の手順でインストールできますが、RHEL の場合には事前に subscription-manager コマンドを使ったサブスクリプションの適用が必要になります。

事前に、Code 2-7 の内容でリポジトリ定義用のファイルを/etc/yum.repos.d/ディレクトリに作成しておきます。ファイル名は任意でよいのですが、ここでは elasticsearch.repo としておきます。

Code 2-7 /etc/yum.repos.d/elasticsearch.repo

```
[elasticsearch-6.x]
name=Elasticsearch repository for 6.x packages
baseurl=https://artifacts.elastic.co/packages/6.x/yum
gpgcheck=1
gpgkey=https://artifacts.elastic.co/GPG-KEY-elasticsearch
```

```
enabled=1
autorefresh=1
type=rpm-md
```

ファイルを作成したら、yum コマンドでインストールを行います。elasticsearch のパッケージはPGP という仕組みを用いて暗号化がされていることから、事前に PGP 鍵ファイルを import します。その後、elasticsearch パッケージのインストールを行います。インストール後に yum list installed コマンドを実行するとパッケージバージョンが確認できます。

Operation 2-10　yum を使ったインストール手順（CentOS 7）

```
$ sudo rpm --import https://artifacts.elastic.co/GPG-KEY-elasticsearch
$ sudo yum install elasticsearch
$ sudo yum list installed | grep elasticsearch
elasticsearch.noarch                 6.2.1-1                       @elasticsea
rch-6.x
```

インストール後に Elasticsearch の起動テストを行います。また、デフォルトでは OS 起動時に Elasticsearch は自動起動しない設定になっているので、Operation 2-11 の手順で自動起動を有効化しておきます。

Operation 2-11　systemctl を使った Elasticsearch の起動と自動起動設定（CentOS 7）

```
$ sudo systemctl daemon-reload
$ sudo systemctl enable elasticsearch.service
$ sudo systemctl start elasticsearch.service
$ sudo systemctl status elasticsearch.service
● elasticsearch.service - Elasticsearch
   Loaded: loaded (/usr/lib/systemd/system/elasticsearch.service; enabled; ...
   Active: active (running) since日2018-02-11 16:35:24 JST; 5s ago
     Docs: http://www.elastic.co
 Main PID: 22128 (java)
   CGroup: /system.slice/elasticsearch.service
           mq22128 /bin/java -Xms1g -Xmx1g -XX:+UseConcMarkSweepGC -XX:CMSIni...

 2月11 16:35:24 centos7-es005-sodo1 systemd[1]: Started Elasticsearch.
 2月11 16:35:24 centos7-es005-sodo1 systemd[1]: Starting Elasticsearch...
```

systemctl status コマンドを使うと正常起動しているかどうかを確認できます。正常起動が確認できるまでには少し時間がかかることがあるので、時間を空けてから確認してみてください。

○ Ubuntu 16.04 への Elasticsearch のインストール

Ubuntu では、apt-get コマンドを使ってパッケージインストールを行います。CentOS 7 と同様に事前に PGP 鍵の import を行います。また、Ubuntu の場合には前提パッケージである apt-transport-https を事前にインストールします。elasticsearch パッケージのインストールは apt-get コマンドで行います。

Operation 2-12　apt-get コマンドを使ったインストール手順（Ubuntu 16.04）

```
$ wget -qO - https://artifacts.elastic.co/GPG-KEY-elasticsearch \
| sudo apt-key add -
$ sudo apt-get install apt-transport-https
$ echo "deb https://artifacts.elastic.co/packages/6.x/apt stable main" \
| sudo tee -a /etc/apt/sources.list.d/elastic-6.x.list
$ sudo apt-get update && sudo apt-get install elasticsearch
$ sudo dpkg -l | grep elasticsearch
ii  elasticsearch                      6.2.1
    all           Elasticsearch is a distributed RESTful search engine built for
 the cloud. Reference documentation can be found at https://www.elastic.co/gu
ide/en/elasticsearch/reference/current/index.html and the 'Elasticsearch: The D
efinitive Guide' book can be found at https://www.elastic.co/guide/en/elastic
search/guide/current/index.html
```

インストール後に Elasticsearch の起動確認を行います。また、デフォルトでは OS 起動時に Elasticsearch は自動起動しない設定になっているため、自動起動を有効化しておきます。

Operation 2-13　service を使った Elasticsearch の起動と自動起動設定（Ubuntu 16.04）

```
$ sudo update-rc.d elasticsearch defaults 95 10
$ sudo service elasticsearch start
$ sudo service elasticsearch status
● elasticsearch.service - Elasticsearch
   Loaded: loaded (/usr/lib/systemd/system/elasticsearch.service; enabled; ...
   Active: active (running) since Sun 2018-02-11 07:38:31 UTC; 2s ago
     Docs: http://www.elastic.co
 Main PID: 9921 (java)
```

```
    Tasks: 14
   Memory: 1.0G
      CPU: 1.646s
   CGroup: /system.slice/elasticsearch.service
           mq9921 /usr/bin/java -Xms1g -Xmx1g -XX:+UseConcMarkSweepGC -XX: ...

Feb 11 07:38:31 ubuntu01 systemd[1]: Started Elasticsearch.
```

service elasticsearch status コマンドを用いると正常起動の確認が可能です。

■ tar.gz ファイル（zip ファイル）を用いたインストール手順

tar.gz ファイル（zip ファイル）を用いた手順では、ファイルのダウンロードおよび解凍のみでインストールが完了します。OS 固有の手順というものも特にありません。どこにでも配置できるので便利なのですが、解凍したディレクトリが実質的なインストールディレクトリとなります。このため/tmp ディレクトリのような一時ディレクトリ上には展開しないよう注意してください。

以下に、tar.gz ファイルをダウンロード、解凍して、Elasticsearch を起動する手順をまとめて紹介します。なお、zip ファイルの場合にも解凍に unzip コマンドを使う以外はすべて同じ手順となります。

Operation 2-14　tar.gz ファイルを使ったインストール手順

```
$ wget https://artifacts.elastic.co/downloads/elasticsearch/\
elasticsearch-6.2.1.tar.gz
$ tar xzf elasticsearch-6.2.1.tar.gz
$ cd elasticsearch-6.2.1
$ ./bin/elasticsearch        ###フォアグラウンドで実行する場合
$ ./bin/elasticsearch -d     ###バックグラウンドで実行する場合
```

■ Elasticsearch を Docker コンテナとして起動する手順

ソフトウェアとしてインストールする方法の他に、一般に提供されている Docker コンテナを利用して起動する方法もあります。Docker コンテナが起動できる環境があれば、Operation 2-15 のように手軽に起動してみることができます。

Operation 2-15　Elasticsearch の Docker コンテナを起動する手順例

```
$ sudo docker pull docker.elastic.co/elasticsearch/elasticsearch:6.2.1
$ sudo docker run -p 9200:9200 -p 9300:9300 -e "discovery.type=single-node" \
docker.elastic.co/elasticsearch/elasticsearch:6.2.1
```

ここでは Elastic 社が提供する Elasticsearch 6.2.1 のコンテナをダウンロードして（docker pull）、1 ノード構成で起動する（docker run）手順を示しています。コンテナ上の 9200、9300 ポートをそれぞれホスト側の同ポートにマッピングしています。このようにすることで、ホスト上から curl コマンドなどで、コンテナ上の Elasticsearch へアクセスすることができるようになります。同様に"-e"オプションで環境変数を指定することもできるので、インストールまではしたくないが手軽に試してみたいような場合に、docker コンテナは便利な方法と言えるでしょう。

■動作確認

Elasticsearch のインストール、起動ができたら、Elasticsearch へアクセスできるかどうかを確認してみましょう。Elasticsearch は REST API を提供しているので、任意の REST API へアクセスができる curl コマンドを用いて確認します。

Operation 2-16　curl コマンドを用いた Elasticsearch への接続確認

```
$ curl -XGET http://localhost:9200/
{
  "name" : "DeQbDmd",
  "cluster_name" : "elasticsearch",
  "cluster_uuid" : "Yz2sJ1n3Ra2zAjNnyRpolw",
  "version" : {
    "number" : "6.2.1",
    "build_hash" : "7299dc3",
    "build_date" : "2018-02-07T19:34:26.990113Z",
    "build_snapshot" : false,
    "lucene_version" : "7.2.1",
    "minimum_wire_compatibility_version" : "5.6.0",
    "minimum_index_compatibility_version" : "5.0.0"
  },
  "tagline" : "You Know, for Search"
}
```

Operation 2-16 のようなレスポンスが返ってきていれば、Elasticsearch は正常に動作しています。ここで"name"とはノードの名前、"cluster_name"はクラスタ名を表しています。ここではインストールが成功していることを確認するために何も設定を変更せずに Elasticsearch を起動させています。基本的な設定項目については次の節で確認していきます。

2-4-4 基本設定

Elasticsearch は設定項目が非常に多いソフトウェアです。ただし、デフォルトの設定値がバランスよく適切に設定されているため、明示的な設定変更をあまりしなくてもそれなりに動作するようになっています。

ここでは、その中でも押さえておくべき基本的な設定項目について簡単に紹介します。

まず設定ファイルの種類と場所ですが、yum や apt-get などのパッケージマネージャを使ってインストールした場合、デフォルトでは"/etc/elasticsearch/"ディレクトリ以下に Table 2-7 の設定ファイルが配置されます。

Table 2-7　Elasticsearch の設定ファイル

ファイル名	設定ファイルの用途
elasticsearch.yml	Elasticsearch サーバのデフォルト設定を行う
jvm.options	JVM オプションの設定を行う
log4j2.properties	ログ出力に関する設定を行う

■ Elasticsearch クラスタおよび各ノードに関する設定（elasticsearch.yml）

Elasticsearch を、開発環境ではない正式な環境で運用する場合などには、最低限次の設定項目は必ず確認するようにしましょう。

基本的に、elasticsearch.yml に設定する内容は、動作中に変更できないため、起動前に設定を行う必要があります。

Table 2-8　クラスタに関する設定項目

パラメータ名	デフォルト値	設定内容
cluster.name	elasticsearch	クラスタの名前
node.name	（自動生成）	インスタンスの名前
path.conf	/etc/elasticsearch/	設定ファイルの格納ディレクトリ

path.data	/var/lib/elasticsearch/	インデックスデータの格納ディレクトリ
path.logs	/var/log/elasticsearch/	ログファイルの格納ディレクトリ
network.host	localhost	クライアントからの REST API およびノード間通信をリスンするアドレス
bootstrap.memory_lock	false	JVM ヒープの割り当てをメモリに固定するかを指定
discovery.zen.ping.unicast.hosts	["127.0.0.1", "[::1]"]	クラスタメンバ登録時の ping 送信先
discovery.zen.ping.minimum_master_nodes	1	クラスタが起動するための最小 Master ノード数

事前に、elasticsearch.yml ファイルの記載方法について、簡単に説明しておきます。

設定ファイルのフォーマットは YAML 形式となっており、設定項目によりいくつかの記載方法があります。

基本的な記載方法は「< **設定項目名** >:< **設定値** >」の形式ですが、設定項目名は`"cluster.name"`のように階層構造をとることができます。この場合は`"cluster.name: mycluster"`のように 1 行で書いても、`"cluster"`と`"name"`を 2 行に分けて書いても同じ意味となります。

また、設定値についても、単一の値をとることや、複数の値を配列で記載する場合があります。事前に設定された環境変数を使う方法も便利なので覚えておくとよいでしょう。

Code 2-8 elasticsearch.yml ファイルの設定記載方法の例

```
cluster.name: mycluster   ### 単一の値
cluster:
  name: mycluster         ### 階層的に記載しても同じ意味になる
discovery.zen.ping.unicast.hosts: ["master01","master02"] ### 複数の値（配列）
node.name: ${HOSTNAME}    ### 環境変数を利用することも可能
```

以下に各項目の設定内容について説明します。

●cluster.name パラメータ

cluster.name は、クラスタ名を決めるパラメータです。同じクラスタ名を持つ複数のノードが起動すると、これらはお互いに同じクラスタに属するノードとして認識しようとします。逆にクラスタ名が異なるノードがある場合、これらはお互いに異なるクラスタに属するノードと認識されます。

注意点として、cluster.name のデフォルト値である`"elasticsearch"`というクラスタ名は、できる限りそのまま使用しないでください。なぜなら、別の人も同じようにデフォルトのクラスタ名"elasticsearch"で起動した場合に、意図せず2つのクラスタが結合してしまうためです。

●node.name パラメータ

node.name は、インスタンス名を決めるパラメータです。この値はデフォルトでは自動的に生成された文字列が与えられますが、運用で複数のインスタンスを識別することを考えれば、この値もできる限り明示的に設定することが望まれます。上記の設定記載方法の例のように、HOSTNAME 環境変数を割り当てることも可能です。

●path.conf/path.data/path.logs パラメータ

それぞれ設定ファイル、インデックスファイル、ログファイルの格納先を指定するパラメータです。特に、path.data と path.logs は保護すべき大切なデータで、かつ、ディスクアクセスが性能にも影響することから、可能であれば OS 領域とは別のディスクに分けることも検討してみてください。

●network.host パラメータ

network.host は、Elasticsearch が外部との通信を行う際にリクエストをリスンするホスト情報を指定するパラメータです。REST API リクエストを受け付けるための HTTP モジュールと、内部ノード間通信のための Transport モジュールの、2 種類の通信用ポートをオープンする必要があり、このパラメータを使ってホスト名（およびオプションでポート番号）を指定します。

◇HTTP モジュール（9200-9300/tcp を使用。デフォルト：9200 ポート）
　クライアントからのリクエストを REST API 経由で受け付ける

◇Transport モジュール（9300-9400/tcp を使用。デフォルト：9300 ポート）
　クラスタ内部でノード間の通信を行う

この network.host パラメータに、IP アドレスやホスト名を指定すると、そのアドレスの 9200 番ポートおよび 9300 番ポートがオープンされて、アクセスできるようになります。ただし、デフォルトでは"localhost"が設定されているため、外部からは REST API リクエストもクラスタ内ノード間通信も受け付けないことに注意してください。外部と通信を行えるようにするためには network.host パラメータの値を"localhost"以外の値に設定変更する必要があります。Code 2-9 に network.host パラメータとして、記述できる設定値の例を示します。

Code 2-9　network.host パラメータの記載方法の例

```
network.host: 192.168.100.50    ### IP アドレスを直接指定
network.host: 0.0.0.0           ###すべての NIC を指定できるワイルドカード指定
network.host: ["192.168.100.50", "localhost"]  ### 複数の値を配列で指定
network.host: _eth0_            ### NIC 名を指定することも可能
network.host: _local_           ### localhost のエイリアス（別名）指定
network.host: _site_            ###サイトローカル（非グローバル）IP アドレスを指定
network.host: _global_          ###グローバル IP アドレスを指定
```

●bootstrap.memory_lock パラメータ

JVM で使うヒープメモリがディスクにスワップされることによる、一時的な性能低下を防止するためのパラメータです。true に設定すると、ヒープ領域はスワップされずにメモリ上に固定されます。JVM ヒープサイズの設定値が大きい場合には設定を検討します。

Note　JVM ヒープサイズの設定値

OS 種別やインストール方法によっては、本パラメータを true に設定する操作に加え、メモリ固定操作のための権限付与が別途必要となる場合があります。詳細は以下の URL を参照してください。

https://www.elastic.co/guide/en/elasticsearch/reference/current/setup-configuration-memory.html

●discovery.zen.* パラメータ

デフォルトのクラスタ検出メカニズムである Zen discovery を使う場合の設定パラメータとして、discovery.zen.ping.unicast.hosts および discovery.zen.minimum_master_nodes は必ず設定するようにしてください。

discovery.zen.ping.unicast.hosts はノード起動時にクラスタに接続する際の接続先ホストを指定するパラメータです。設定値は、以下のように IP アドレスあるいはホスト名で指定します。ポート番号はデフォルトで 9300 ですが、それ以外のポート番号を明示的に指定することもできます。

Code 2-10 discovery.zen.ping.unicast.hosts パラメータの記載方法の例

```
discovery.zen.ping.unicast.hosts: ["192.168.100.10", "192.168.100.11:9300",
"master03"] 1行入力
```

discovery.zen.minimum_master_nodes はクラスタ構成時のスプリットブレイン対策として重要なパラメータです。スプリットブレイン状態を防ぐためには、この値を Master-eligible ノード数の「**過半数**」に設定する必要があります。もし 3 台の Master-eligible ノードを持つ場合は「**過半数**」である 2 を設定してください。前述したように「**過半数**」の算出方法は以下のとおりです。

◇minimum_master_nodes に設定する「過半数」の算出方法

N:クラスタ内の Master-eligible ノードの数

minimum_master_nodes = N/2 + 1

（N/2 が整数でない場合は切り上げる）

■ JVM ヒープサイズの設定（jvm.options）

Elasticsearch を起動する JVM に関するオプションを指定します。特に Table 2-9 に示す JVM ヒープサイズの設定値は、必ず確認するようにしてください。前述したように、OS のメモリサイズの半分（ただし 32GB を超えないサイズ）を JVM ヒープサイズに割り当てることが理想です。また最小値と最大値は必ず同じサイズに設定してください。

Table 2-9 JVM に関する設定項目

パラメータ名	デフォルト値	設定内容
-Xms	-Xms2g	ヒープサイズの最小値 (g は GB を表す)
-Xmx	-Xmx2g	ヒープサイズの最大値 (g は GB を表す)

これ以外にも細かいチューニング項目が多数ありますが、まずはこれらの基本設定が行えていることをチェックするようにしてください。

Column　ブートストラップチェック

Elasticsearch 5.0 から、インスタンス起動時に「ブートストラップチェック」と呼ばれる設定チェックの仕組みが導入されました。ブートストラップチェックは、意図しない設定ミスを起動時に検出することを目的としています。

設定パラメータ network.host の値が、デフォルトの localhost のままであれば、開発用途（development mode）とみなされるためチェックが働きません。しかし、network.host の値を localhost 以外にすると、本番用途（production mode）とみなされてブートストラップチェックが有効になります。

ブートストラップチェックの対象となる設定パラメータは複数あります。たとえば、上記で説明した JVM ヒープサイズの最小値（-Xms）と最大値（-Xms）の値が同一でない場合は、不正とみなされて、以下のようなログを出力して、Elasticsearch が起動に失敗します。

このように、ブートストラップチェックに失敗したかどうかはログを見れば判断ができるので、ログメッセージで指摘された設定項目を見直して再度起動してください。

Operation 2-17　ブートストラップチェック失敗時のエラー出力例

```
[2017-10-10T01:29:03,771][INFO ][o.e.b.BootstrapChecks    ] [nzQHuwW] bound
or publishing to a non-loopback or non-link-local address, enforcing bootstr
ap checks
[2017-10-10T01:29:03,775][ERROR][o.e.b.Bootstrap          ] [nzQHuwW] node v
alidation exception
[1] bootstrap checks failed
[1]: initial heap size [1073741824] not equal to maximum heap size [21474836
48]; this can cause resize pauses and prevents mlockall from locking the ent
ire heap
```

2-4-5　Elasticsearch のインストール（クラスタ環境）

ここでは、複数ノードで Elasticsearch クラスタ環境を構成する手順を解説します。と言っても、1 台環境の手順をベースとして、一部の設定をクラスタ環境用に変えるだけでよく、非常に簡単にクラスタ環境を構築することができます。これは Elasticsearch が、最初から簡単にクラスタを構成できるように設計されているおかげでもあります。

Table 2-10 の項目がクラスタを構成する際に、各ノードで設定すべき主なパラメータとなります。一部は「2-4-4 基本設定」の節ですでに紹介していますが、あらためてクラスタ構成に固有の設定として確認してください。

Table 2-10　クラスタ構成時に確認すべき設定項目

パラメータ名	デフォルト値	設定内容
cluster.name	elasticsearch	クラスタの名前
node.name	(自動生成)	インスタンスの名前
network.host	localhost	クライアントからの REST API およびノード間通信をリスンするアドレス
bootstrap.memory_lock	false	JVM ヒープの割り当てをメモリに固定
discovery.zen.ping.unicast.hosts	["127.0.0.1", "[::1]"]	クラスタメンバ登録時の ping 送信先
discovery.zen.ping.minimum_master_nodes	1	クラスタが起動するための最小 Master ノード数
node.master	true	Master-eligible ノードの役割を持つ場合に true にする
node.data	true	Data ノードの役割を持つ場合に true にする
node.ingest	true	Ingest ノードの役割を持つ場合に true にする

各ノードの設定を終えたら、それぞれのノードで Elasticsearch を起動してみます。無事に正常起動ができたら、Operat on 2-18 のコマンド例を参考にクラスタ状態を確認してみます。"status"パラメータの値が"green"となっていれば正常にクラスタが起動できています。以下は 3 ノードでクラスタを構成した際のクラスタ情報の確認結果の例ですが、"number_of_nodes"パラメータの値が 3 となっていることがわかります。

Operation 2-18　クラスタ情報の確認

```
$ curl -XGET http://localhost:9200/_cluster/health?pretty
{
  "cluster_name" : "cluster01",
  "status" : "green",
  "timed_out" : false,
  "number_of_nodes" : 3,
  "number_of_data_nodes" : 3,
  "active_primary_shards" : 0,
  "active_shards" : 0,
  "relocating_shards" : 0,
  "initializing_shards" : 0,
  "unassigned_shards" : 0,
  "delayed_unassigned_shards" : 0,
  "number_of_pending_tasks" : 0,
```

```
  "number_of_in_flight_fetch" : 0,
  "task_max_waiting_in_queue_millis" : 0,
  "active_shards_percent_as_number" : 100.0
}
```

クラスタの構成方法もいくつかのケースがあります。比較的ノード数が小さい場合には、デフォルト設定として、各ノードがMaster ノード、Data ノード、Ingest ノードの役割を兼ねることも多いのですが、ノード数が増えてくると各ノードを分離してそれぞれの役割を持つ専用ノードとして構成するケースも考えられます。

Figure 2-8 の図では、参考としていくつかのケースでの構成図とその際の設定パラメータの構成例を示します。

パターン①：小規模環境の構成例です。3 台で可用性を持たせつつ、すべて Master/Data/Ingest 兼用ノードとしています。

パターン②：Node1～3 は Master-eligible 専用ノードとして構成しています。

パターン③：さらに、リクエストを負荷分散、中継処理する専用の Coordinating ノードとして Node10～11 を追加で構成しています。このパターンでは、クエリ結果のソートや Aggregation といった負荷の高い処理が多いケースを想定して、このように Coordinating 専用ノードを構成しています。

これらは構成の一例ですが、基本的な考え方については理解いただけたかと思います。

Figure 2-8（1） クラスタ環境の構成例①

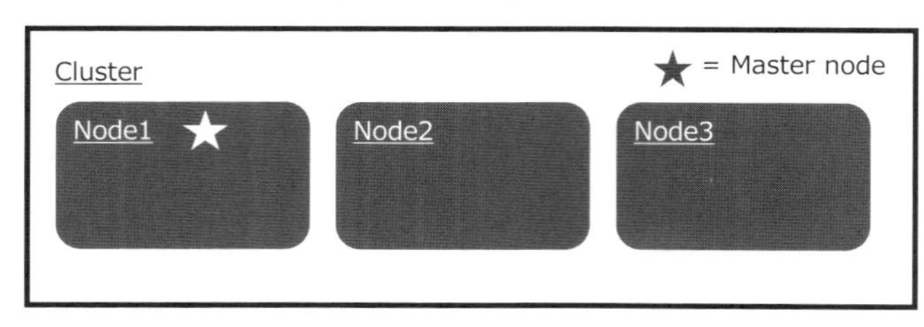

Figure 2-8（2） クラスタ環境の構成例②

パターン②
9台構成の例（Master-eligible：3台、Data/Ingest兼用：6台）

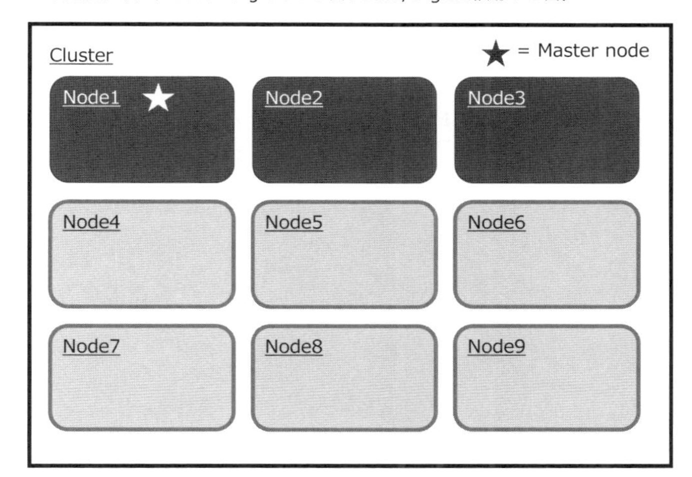

Node1～3:
  node.master: true
  node.data: false
  node.ingest: false

Node4～9:
  node.master: false
  node.data: true
  node.ingest: true

Figure 2-8（3） クラスタ環境の構成例③

パターン③
11台構成の例（Master-eligible：3台、Data/Ingest兼用：6台、Coordinating：2台）

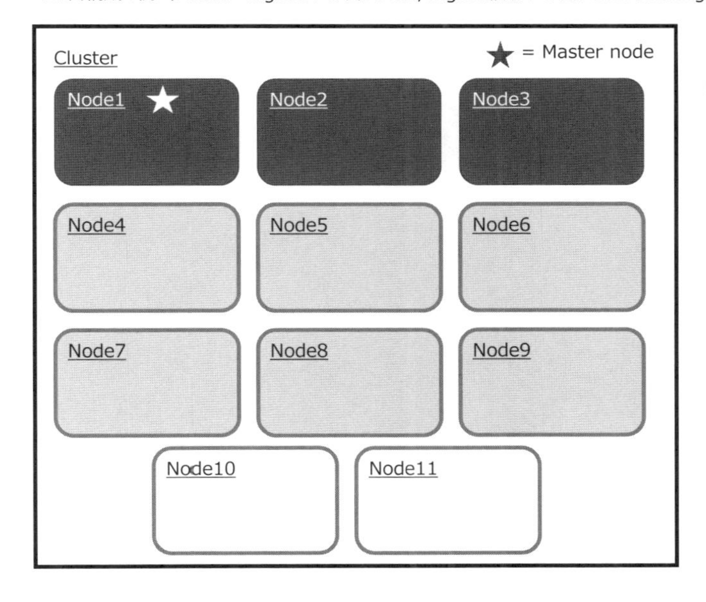

Node1～3:
  node.master: true
  node.data: false
  node.ingest: false

Node4～9:
  node.master: false
  node.data: true
  node.ingest: true

Node10～11:
  node.master: false
  node.data: false
  node.ingest: false

2-5 まとめ

本章では Elasticsearch で使われる用語と概念について説明し、その構成方法と導入手順について解説しました。Elasticsearch を開発目的以外で本格的に使う場合には、可用性や拡張性を考慮してクラスタ構成をとることになるはずです。その際に、特にデフォルト設定から変更しなければならないパラメータについても、構成例を示しながら設定方法を紹介しました。もし手元に触れる環境があるようでしたら、ぜひ本章の内容を元に、実際に Elasticsearch を動かして理解いただくことをお勧めします。

次の第 3 章では、Elasticsearch でドキュメントを格納・検索するためのさまざまな方法について説明を行います。

第3章 ドキュメント/インデックス/クエリの基本操作

ここまでElasticsearchの基本的な概念や導入手順について説明を進めてきました。第3章では、Elasticsearchにおけるドキュメントやインデックスの基本的な操作方法について、主に3つのことを学んでいきます。

最初に、ドキュメントをインデックスに登録し、それを取得・検索する方法を確認します。次に、インデックスを管理する方法やそれに付随するマッピングの定義方法についても紹介します。そして最後に、検索を行うためのクエリについても、実践的かつ基本的なクエリの構成方法やクエリに関連するフィルタやソートの概念についても確認します。

本章でこれらの基礎知識となる操作を学習しておくことで、Elasticsearchを使いこなすための勘所が理解でき、次章以降の応用的なテーマについても容易に習得できるようになるはずです。

3-1 ドキュメントの基本操作

本章では Elasticsearch の操作の多くを紹介する予定ですが、まずはドキュメントの基礎的な操作方法から確認していきます。

Elasticsearch で格納するドキュメントは、「2-1 用語と概念」の節でも紹介したように、Code 3-1 に示すような JSON フォーマットで表されます。

Code 3-1 Elasticsearch に格納されるドキュメントの例

```
{
  "user_name": "John Smith",
  "date" : "2017-10-15T15:09:45",
  "message": "Hello Elasticsearch world."
}
```

以下では、このドキュメントを例として次の4種類の操作方法を見ていきます。この4種類の操作はデータのライフサイクルを管理する基本的な操作で、各操作を表す単語 Create、Read、Update、Delete の頭文字をとって一般的に「CRUD」とも呼ばれます。Elasticsearch に限らずデータベースなどのデータを管理するシステムではよく用いられる概念です。

- C（reate）：ドキュメントをインデックスに登録する操作
- R（ead）：ドキュメントを取得・検索する操作
- U（pdate）：ドキュメントを更新する操作
- D（elete）：ドキュメントを削除する操作

本節ではこれ以降、実際に操作を行うためのコード例を示します。前提として1台もしくは複数台構成の Elasticsearch 環境が動作しているものとして、Linux でよく使われる curl コマンドを用いて REST API による操作を実行するものとします。

Note REST API 操作を行うツール

Elasticsearch で、REST API 操作を行うツールは他にもあります。curl コマンドに限らず、みなさんの使い慣れたツールを選んでいただければ結構です。たとえば、Kibana に付属している Console と呼ばれるツール（以前は Sense と呼ばれていました）は、GUI ベースで簡単に REST API を発行できるため良く使われています（「6-1-2 Kibana」参照）。

3-1-1 ドキュメントの登録（Create）

まずはドキュメントをインデックスに登録してみましょう。ドキュメントを登録するためには、登録対象となるJSONドキュメントをリクエストボディ部分に指定してREST APIを発行しますが、curlコマンドを使う場合には、リクエストボディ部分を指定するために「-d」オプションを用います。「-d」オプションの後に、シングルクォートで囲ったJSONドキュメントを指定してください。

「2-3-1 リクエスト」のColumnでも紹介しましたが、インデックスを登録するのに使われるHTTPメソッドは2種類あります。1つはPUTメソッドを使う方法、もう1つはPOSTメソッドを使う方法です。PUTメソッドの場合にはドキュメントIDを指定する必要がありますが、POSTメソッドの場合にはドキュメントIDをElasticsearchが自動生成してくれるため、指定を省略できます。

以下に示す操作は、Code 3-1のドキュメントをPUTメソッド、POSTメソッドを使ってそれぞれ登録する実行例です。

Operation 3-1　ドキュメントの登録の例（PUTメソッドを使う場合）

```
$ curl -XPUT 'http://localhost:9200/my_index/my_type/1' \
-H 'Content-Type: application/json' -d'
{
  "user_name": "John Smith",
  "date" : "2017-10-15T15:09:45",
  "message": "Hello Elasticsearch world."
}
'
```

Operation 3-2　ドキュメントの登録の例（POSTメソッドを使う場合）

```
$ curl -XPOST 'http://localhost:9200/my_index/my_type/' \
-H 'Content-Type: application/json' -d'
{
  "user_name": "John Smith",
  "date" : "2017-10-15T15:09:45",
  "message": "Hello Elasticsearch world."
}
'
```

どちらの場合も、インデックス名（"my_index"）およびドキュメントタイプ名（"my_type"）の指定は必須です。インデックスおよびドキュメントタイプは事前に作成されていなくても問題ありません。Elasticsearchがドキュメント登録時に自動的に作成してくれます。

ところで、POSTメソッドを使った場合にElasticsearchが自動的に生成したドキュメントIDを、われわれはどうやって知ることができるのでしょうか。実は、インデックスの登録をした際にElasticsearchから返されるレスポンスボディの中に、そのIDが含まれています。Operation 3-2のPOSTメソッドを使ってドキュメントを登録した際のレスポンスボディを見てみましょう（Operation 3-3）。

Operation 3-3　ドキュメントの登録に対するレスポンスの例（POSTメソッドを使った場合）

```
{
  "_index" : "my_index",
  "_type" : "my_type",
  "_id" : "AV-Fm7km88BRPTcSIBVQ",
  "_version" : 1,
  "result" : "created",
  "_shards" : {
    "total" : 2,
    "successful" : 1,
    "failed" : 0
  },
  "created" : true
}
```

レスポンスボディに含まれる"_id"フィールドの値が"AV-Fm7km88BRPTcSIBVQ"となっています。これが実際にElasticsearchが自動生成したドキュメントIDとなります。

3-1-2　ドキュメントの取得・検索（Read）

次に、インデックスに登録されたドキュメントを取得・検索してみましょう。ここでドキュメントの取得と言っているのは、単純にIDを指定してドキュメントを取り出す動作を指しています。またドキュメントの検索と言っているのは、なんらかの検索条件を与えて、その条件を満たすドキュメントを探し出す動作を指しています。それぞれ操作方法が異なるため、順番に説明していきます。

■ドキュメントの取得

ドキュメントを取得する場合は、API エンドポイントの最後にドキュメント ID を指定して GET メソッドを発行します。

Operation 3-4　ドキュメントの取得の例

```
$ curl -XGET 'http://localhost:9200/my_index/my_type/1'
```

ドキュメントが見つかった場合、以下のようなレスポンスが返されます。

Operation 3-5　ドキュメントの取得に対するレスポンスの例

```
{"_index":"my_index","_type":"my_type","_id":"1","_version":1,"found":true,
"_source":
{
  "user_name": "John Smith",
  "date" : "2017-10-15T15:09:45",
  "message": "Hello Elasticsearch world."
}}
```

先ほど登録したドキュメントが格納されていることがわかります。また、ユーザが登録したドキュメントの情報以外にも、管理上必要になるいろいろな情報が先頭に含まれていることにも注意してください。もしユーザが登録したドキュメントだけを取り出したい場合は"_source"というエンドポイントを追加します。

Operation 3-6　ドキュメントの取得の例（登録したドキュメント部分のみを取得）

```
$ curl -XGET 'http://localhost:9200/my_index/my_type/1/_source'
```

"_source"エンドポイントを指定した場合は、Operation 3-7 のようにドキュメント部分だけがレスポンスとして返されます。

Operation 3-7 ドキュメントの取得に対するレスポンスの例（登録したドキュメント部分のみを取得）

```
{
  "user_name": "John Smith",
  "date" : "2017-10-15T15:09:45",
  "message": "Hello Elasticsearch world."
}
```

Tips 「?pretty」を後ろに付けてレスポンスを見やすくする

Elasticsearch から返されるレスポンスボディの JSON フォーマットは、改行やインデントなどが行われておらず、人間が読むには少し読みづらい場合があります。そういった場合に、以下のようにリクエスト API エンドポイントの最後に"?pretty"と付加することで、フォーマットが整形されたレスポンスボディが返されるようになります。「Operation 3-4 ドキュメントの取得の例」で示した API エンドポイントの後ろに"?pretty"を付加してみましょう。

Operation 3-8 pretty を付けてレスポンス JSON を見やすくする方法

```
$ curl -XGET 'http://localhost:9200/my_index/my_type/1?pretty'
{
  "_index" : "my_index",
  "_type" : "my_type",
  "_id" : "1",
  "_version" : 1,
  "found" : true,
  "_source" : {
    "user_name" : "John Smith",
    "date" : "2017-10-15T15:09:45",
    "message" : "Hello Elasticsearch world."
  }
}
```

この方法はフォーマットが見やすくなること以外、動作には影響ないので、必要に応じて使ってみてください。本書でも、レスポンスを見やすくしたい場合には適宜 pretty オプションを付加した実行結果を示すようにします。

■ドキュメントの検索

Elasticsearchは検索エンジンの機能を持っているので、当然ながらクエリを使ってドキュメントを検索することもできます。

ドキュメントを検索する場合は、APIエンドポイントの最後に"_search"を指定します。検索条件はリクエストボディにJSONフォーマットで記述します。ここでは一つの例として、"message"フィールドの中に"Elasticsearch"という語句が含まれるドキュメントを検索するクエリを実行します。検索条件を表すリクエストボディでは、以下のように"query"で始まる句を使ってさまざまなクエリの内容を記載します。

Operation 3-9　ドキュメントの検索の例

```
$ curl -XGET 'http://localhost:9200/my_index/my_type/_search?pretty' \
-H 'Content-Type: application/json' -d'
{
  "query": {
    "match": {
      "message": "Elasticsearch"
    }
  }
}
'
```

クエリにヒットしたドキュメントが見つかった場合、以下のようなレスポンスが返されます。

Operation 3-10　ドキュメントの検索に対するレスポンスの例

```
{
  "took" : 10,
  "timed_out" : false,
  "_shards" : {
    "total" : 5,
    "successful" : 5,
    "skipped" : 0,
    "failed" : 0
  },
  "hits" : {
    "total" : 1,
    "max_score" : 0.25811607,
```

```
      "hits" : [
        {
          "_index" : "my_index",
          "_type" : "my_type",
          "_id" : "1",
          "_score" : 0.25811607,
          "_source" : {
            "user_name" : "John Smith",
            "date" : "2017-10-15T15:09:45",
            "message" : "Hello Elasticsearch world."
          }
        }
      ]
    }
  }
```

検索の実行結果なので、検索条件にヒットしたドキュメントの情報が含まれています。`"total": 1` とあるのが検索条件にヒットしたドキュメントの数を表しています。その下には実際にヒットしたドキュメントが配列で返されています（この例ではヒット数が 1 のため、ドキュメントは 1 つだけになっています）。

なお、このときに、検索の対象範囲を API エンドポイントで示すことができます。上記の例では、インデックス名とドキュメントタイプを指定しましたが、その他にも検索範囲を自由に指定することができます。

Operation 3-11　ドキュメントの検索範囲の指定方法

```
### my_index 内の my_type から検索
$ curl -XGET 'http://localhost:9200/my_index/my_type/_search'
### my_index から検索
$ curl -XGET 'http://localhost:9200/my_index/_search'
### my_index と my_index2 から検索
$ curl -XGET 'http://localhost:9200/my_index,my_index2/_search'
### "my_index"で始まるすべてのインデックスから検索
$ curl -XGET 'http://localhost:9200/my_index*/_search'
### システム上のすべてのインデックスから検索
$ curl -XGET 'http://localhost:9200/_search'
```

ここでは検索方法の概要を紹介しましたが、実際にはクエリの記法（「クエリ DSL」と呼ばれます）はこれ以外にも非常にたくさんの種類があります。クエリの指定方法のさまざまなバリエーションについては、この後「3-3　さまざまなクエリ」で紹介します。

3-1-3　ドキュメントの更新（Update）

Elasticsearch ではドキュメントの更新もサポートしています。ここでの更新の意味は、既存のドキュメント全体を新しいドキュメントで置き換える場合と、既存のドキュメントの一部のフィールドを更新する場合とがあります。それぞれの違いについて確認してみましょう。

■既存のドキュメント全体を置き換える更新操作

既存のドキュメント全体を置き換える場合は、既存のドキュメント ID を指定して PUT メソッドを発行します。置き換え操作を行うと以前のドキュメントは参照できなくなります。

Operation 3-12　ドキュメントの更新の例（既存のドキュメント全体を置き換える）

```
$ curl -XPUT 'http://localhost:9200/my_index/my_type/1' \
-H 'Content-Type: application/json' -d'
{
  "user_name": "Mike Stuart",
  "date" : "2017-11-04T16:36:12",
  "message": "This message was updated."
}
'
```

■既存のドキュメントの一部のフィールドを置き換える更新操作

ドキュメント全体の置き換えではなく、ドキュメントの一部のフィールドだけを更新したい場合は、以下のように"_update"という更新用の API エンドポイントを指定して POST メソッドを発行します。リクエストボディには"doc"というフィールドを指定して、その中に更新対象のフィールドを記載します。

Operation 3-13 ドキュメントの更新の例（既存ドキュメントの一部のフィールドのみを置き換える）

```
$ curl -XPOST 'http://localhost:9200/my_index/my_type/1/_update' \
-H 'Content-Type: application/json' -d'
{
  "doc" : {
    "message" : "Only message was updated."
  }
}
'
```

実際にはどちらの場合にも、既存のドキュメントを一度削除して、新しいバージョンのドキュメントを再インデックスする動作が内部では行われることになります。

3-1-4 ドキュメントの削除（Delete）

ドキュメントの削除は、DELETEメソッドを用います。削除対象のリソースを指定するためにドキュメントIDをAPIエンドポイントに含めることに注意してください。

Operation 3-14 ドキュメントの削除の例

```
$ curl -XDELETE 'http://localhost:9200/my_index/my_type/1'
```

この節ではまずドキュメントの基本操作として、登録、取得・検索、更新、削除の4種類の操作方法について確認しました。続けてドキュメント以外の、インデックスおよびドキュメントタイプなどの管理、操作方法についても確認していきましょう。

3-2 インデックスとドキュメントタイプの管理

前節で、ドキュメントを登録する際にインデックスやドキュメントタイプを事前に作成していなくても、エラーにならずに登録できることを説明しました。これは、インデックスやドキュメントタイプが存在しない場合には、Elasticsearchが自動的に作成してくれるためです。一方で、ドキュメントの登録前に、明示的にインデックスやドキュメントタイプを作成しておく方が望ましいケースもあります。

●明示的にインデックスを作成しておくことが望ましい例

デフォルト値とは異なるレプリカ数やシャード数を持つインデックスを作成したい場合

●明示的にドキュメントタイプを作成しておくことが望ましい例

登録するドキュメント内のデータ型があらかじめわかっていて、Elasticsearch に型の自動推測をさせることなく、明示的にマッピングを指定したい場合

このような場合では、手動でインデックスを作成する、または、マッピング定義を含むドキュメントタイプを作成することになります。それぞれの手順を確認していきましょう。

3-2-1　インデックスの管理

以下では、インデックスの操作方法として、作成、更新、削除といった操作を示します。

■インデックスの作成

手動でインデックスを作成するためには、次のように API エンドポイントにインデックス名を指定して、PUT メソッドを発行します。リクエストボディ部分に"settings"句を定義して、プライマリシャード数（"number_of_shards"）やレプリカ数（"number_of_replicas"）を指定することができます。先に同じ名前を持つインデックスが存在しているとエラーになってしまうので、インデックス名の指定には注意してください。

Operation 3-15　インデックスの作成の例

```
$ curl -XPUT 'http //localhost:9200/my_index' \
-H 'Content-Type: application/json' -d'
{
  "settings": {
    "number_of_shards": "3",
    "number_of_replicas": "2"
  }
}
'
```

Operation 3-15 の例では、明示的にプライマリシャード数とレプリカ数を指定していますが、これらの指定を省略しても問題ありません。その場合はデフォルトのプライマリシャード数（5）

およびレプリカ数（1）を持つインデックスが作られます。

Operation 3-16　インデックスの作成の例（プライマリシャード数、レプリカ数の指定を省略）

```
$ curl -XPUT 'http://localhost:9200/my_index'
```

作成したインデックスの設定情報は"_settings" API エンドポイントを指定して GET メソッドを用いて確認できます。

Operation 3-17　インデックスの設定情報の取得例

```
$ curl -XGET 'http://localhost:9200/my_index/_settings?pretty'
```

■インデックスの更新

インデックスの一部の設定情報については、"_settings" API エンドポイントに PUT メソッドを発行すれば更新できます。たとえば、一度インデックスを作成した後でレプリカ数を 4 に更新する操作は以下のように行います（プライマリシャードの数はインデックス作成後の変更はできないため、この方法では更新できないことに注意してください）。

Operation 3-18　インデックスの設定情報の更新例

```
$ curl -XPUT 'http://localhost:9200/my_index/_settings' \
-H 'Content-Type: application/json' -d'
{
  "index": {
    "number_of_replicas": "4"
  }
}
'
```

■インデックスの削除

最後にインデックスを削除する方法を説明します。インデックス名を API エンドポイントに指定して DELETE メソッドを発行すれば削除が可能です。特に実行確認などを経ずにコマンドを実行するだけでインデックスが消えてしまうため、注意して実行してください。

Operation 3-19　インデックスの削除の例

```
$ curl -XDELETE 'http://localhost:9200/my_index'
```

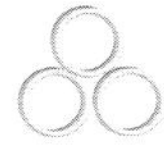

Tips　インデックス削除の誤操作を防止する設定

インデックスの削除をする際にインデックス名にアスタリスク"*"や"_all"といった指定が可能です。たとえば「logstash-*」のような指定をすることで「logstash-」で始まるすべてのインデックスを一度に削除することや、「_all」と指定することでElasticsearch内のすべてのインデックスを削除することも可能です。

こういった機能は便利ですが、誤操作によって意図せずにインデックスを失う事故の原因ともなりえます。そのため、設定によりこのような複数インデックスを指定した削除操作を無効化することができます。以下の設定を全ノードのelasticsearch.ymlファイルに記述してElasticsearchを再起動すれば、"*"や"_all"による削除対象の指定が許可されなくなります。

Code 3-2　削除対象のインデックス名に"*"あるいは"_all"を許可しない設定（設定ファイル）

```
action.destructive_requires_name: true
```

設定ファイルによる方法以外にも、以下のクラスタAPIを発行することでも同じ操作が行えます。

Operation 3-20　削除対象のインデックス名に"*"あるいは"_all"を許可しない設定（クラスタAPI）

```
curl -XPUT localhost:9200/_cluster/settings \
-H 'Content-Type: application/json' -d '
{
  "persistent" : {
    "action.destructive_requires_name" : true
  }
}
'
```

ここで"persistent"とあるのは設定の有効期限を表しており、ここではクラスタが再起動されても設定が有効となります。有効期限を"transient"とした場合は一時的な変更となり、クラスタが再起動されると元の設定に戻ります。

3-2-2 ドキュメントタイプの管理

インデックスの管理方法を確認したところで、次にドキュメントタイプとそこに含まれるマッピングの管理方法を確認しましょう。「2-1 用語と概念」でも説明しましたが、ドキュメントタイプを具体的に定義したものとして、ドキュメント内の各フィールドのデータ構造やデータ型を記述した情報をマッピングと呼ぶことを思い出してください。

ここでは、あらかじめ格納するドキュメントのデータ構造やデータ型がわかっている場合に、マッピング定義を含むドキュメントタイプを明示的に作成する方法を説明します。

■ドキュメントタイプの作成

ドキュメントタイプを作成するには、インデックス名をAPIエンドポイントに指定してPUTメソッドを発行します。マッピングはリクエストボディ部分に"mappings"句を書いて定義します。"mappings"句の中にはドキュメントタイプの名前、および、そこに含まれる各データ型定義（フィールド名およびデータ型）を"properties"句の中に指定します。

Operation 3-21 ドキュメントタイプの作成の例

```
$ curl -XPUT 'http://localhost:9200/my_index' \
-H 'Content-Type: application/json' -d'
{
  "mappings": {
    "my_type": {
      "properties": {
        "user_name": { "type": "text" },
        "date": { "type": "date" },
        "message": { "type": "text" }
      }
    }
  }
}
'
```

この例では、"my_type"という名前のドキュメントタイプを定義しています。また、"properties"句の中で3つのフィールド"user_name"、"date"、"message"が定義されていることがわかります。フィールドおよびそこで定義できるデータ型については「**2-1 用語と概念**」で説明したものが使えます。実際にはこのフィールド定義部分では、データ型定義以外にも、アナライザ定義などいくつか定義できるものがあるのですが、それは第4章で詳しく説明します。ここではシンプルなマッピング定義の例として、フィールド名とデータ型のみを定義しています。

■マッピング定義の確認

作成されたマッピング定義の確認は、以下のように行います。ここでは"my_index"インデックス内の"my_type"に定義されたマッピング定義を確認しています。レスポンスを確認すると、「Operation 3-21 ドキュメントタイプの作成の例」で作成された定義が正しく登録されていることがわかります。

Operation 3-22　マッピング定義の確認の例

```
$ curl -XGET 'http://localhost:9200/my_index/my_type/_mapping?pretty'
{
  "my_index" : {
    "mappings" : {
      "my_type" : {
        "properties" : {
          "date" : {
            "type" : "date"
          },
          "message" : {
            "type" : "text"
          },
          "user_name" : {
            "type" : "text"
          }
        }
      }
    }
  }
}
```

■マッピングへのフィールドの追加

Elasticsearchでは、基本的に一度定義したマッピングを差し替えることはできないので注意してください。差し替えたい場合は、新しいマッピングを定義した新しいインデックスにデータを移し替える操作が必要となります。ただし例外として、既存のマッピングへのフィールド追加のみはサポートされています。フィールドの追加操作には、マッピング作成時と同様にPUTメソッドを使います。Operation 3-23は、既存の"my_type"というドキュメントタイプに、"additional_comment"というフィールドを追加する操作の例です。

Operation 3-23　マッピング定義の更新の例（フィールドの追加）

```
$ curl -XPUT 'http://localhost:9200/my_index/_mapping/my_type' \
-H 'Content-Type: application/json' -d'
{
  "properties": {
    "additional_comment": { "type": "text" }
  }
}
'
```

更新後に「Operation 3-22 マッピング定義の確認の例」と同じコマンドを実行してマッピング定義を確認すると、"additional_comment"フィールドが、期待したとおりに追加されていることがわかります。

Operation 3-24　マッピング定義の確認の例（フィールド追加後）

```
$ curl -XGET 'http://localhost:9200/my_index/my_type/_mapping?pretty'
{
  "my_index" : {
    "mappings" : {
      "my_type" : {
        "properties" : {
          "additional_comment" : {
            "type" : "text"
          },
          "date" : {
            "type" : "date"
          },
```

```
            "message' : {
              "type" : "text"
            },
            "user_name" : {
              "type" : "text"
            }
          }
        }
      }
    }
  }
```

3-2-3　インデックステンプレートの管理

Elasticsearchは、必要に応じて任意の数のインデックスを作ることができます。たとえば第6章で紹介するLogstashと組み合わせる場合によく見られる構成、運用方法として、日次（1日分）のログを日付名の付いたインデックスで管理する、というユースケースがあります。具体的には、2017年11月10日のログは`"logstash-2017.11.10"`というインデックス名で自動生成するという使い方になります。この例に限らず、Elasticsearchでは同じデータソースであっても、日付などをもとにして、名前の異なる複数のインデックスを作成して管理することは珍しくありません。これは、Elasticsearchがドキュメント登録時点でインデックスやドキュメントタイプを動的に自動生成できる、という機能を上手に活用している例とも言えるでしょう。

それでは、こういったケースでは、インデックス定義やマッピング定義はどのように行えばよいでしょうか。これまで紹介したように、手動で定義することは可能ですが、日次で定義をするのでは手間がかかってしまいます。とはいえ、ドキュメントに含まれるデータからElasticsearchに自動的にデータ型を推測させたくないケースもあるでしょう。このようなときに、たとえば先ほどのLogstachの例のように、共通のデータソースを利用する場合には、日次で作成されるインデックスすべてに共通のマッピングを暗黙的に、かつ、自動で定義できれば非常に便利です。そのような場合には、ここで説明する**インデックステンプレート**を使ってみてください。

■インデックステンプレートの作成

インデックステンプレートとは、作成されるインデックス名の文字列をもとにして、ある条件を満たした場合には事前に準備したマッピング定義を自動的に適用してくれる機能です。テンプレートに指定できるインデックス名の条件には"*"（ワイルドカード）が使用できます。

実際のインデックステンプレートの例を見てみましょう。ここでは"accesslog-"で始まる名前のインデックスが作られる際に適用されるインデックステンプレートを作っています。

インデックステンプレートを作成するためには、APIエンドポイントには"_template"というパスを指定してPUTメソッドを発行します。インデックステンプレート自身にも名前を付ける必要があり、ここでは"my_template"という名前をAPIエンドポイント上で定義しています。

Operation 3-25　インデックステンプレートの作成の例

```
$ curl -XPUT 'http://localhost:9200/_template/my_template' \
-H 'Content-Type: application/json' -d'
{
  "index_patterns": "accesslog-*",
  "settings": {
    "number_of_shards": 1
  },
  "mappings": {
    "accesslog_type": {
      "properties": {
        "host": { "type": "keyword" },
        "uri": { "type": "keyword" },
        "method": { "type": "keyword" },
        "accesstime": { "type": "date" }
      }
    }
  }
}
'
```

インデックステンプレートは「型紙」（テンプレート）のようなもので、実際にインデックスを作成するタイミングでこの定義が反映されます。ここでは、まだインデックスの「型紙」（テンプレート）を作っただけですので、この時点ではまだインデックスは作られていないことに注意してください。この後にドキュメントが登録されると上記のテンプレートが実際に適用されます。

Operation 3-26　ドキュメントの登録の例（インデックステンプレートの適用）

```
$ curl -XPOST 'http://localhost:9200/accesslog-2017.11.10/accesslog_type/' \
-H 'Content-Type: application/json' -d'
```

```
{
  "host": "web01",
  "uri": "/user/25012",
  "method": "PUT",
  "accesstime" : "2017-10-15T15:09:45"
}
'
```

この例では"accesslog-2017.11.10"という名前のインデックスを指定しており、先ほどのテンプレートで指定した名前"accesslog-*"にマッチしたので、このテンプレートが適用されることになります。このドキュメントが登録された後に、マッピングがテンプレートのとおりに定義されているか、ドキュメントタイプを確認してみましょう。確認するためにはGETメソッドを用います。

Operation 3-27 インデックステンプレートで自動作成されたマッピング定義の確認例

```
$ curl -XGET 'http://localhost:9200/accesslog-2017.11.10/accesslog_type/\
_mapping?pretty'
```

コマンドを実行した結果、インデックステンプレートのとおりにマッピングが定義されていることが確認できました。

Operation 3-28 インデックステンプレートで自動作成されたマッピング定義の確認結果の例

```
{
  "accesslog-2017.11.10" : {
    "mappings" : {
      "accesslog_type" : {
        "properties" : {
          "accesstime" : {
            "type" : "date"
          },
          "host" : {
            "type" : "keyword"
          },
          "method" : {
            "type" : "keyword"
```

```
          },
          "uri" : {
            "type" : "keyword"
          }
        }
      }
    }
  }
}
```

作成したインデックステンプレートの定義を確認するためにはGETメソッドを発行します。

Operation 3-29 インデックステンプレート定義の確認の例

```
$ curl -XGET 'http://localhost:9200/_template/my_template?pretty'
```

Operation 3-29のコマンドを実行すると、Operation 3-30のように定義内容が確認できます。

Operation 3-30 インデックステンプレート定義の確認に対するレスポンスの例

```
{
  "my_template" : {
    "order" : 0,
    "index_patterns" : "accesslog-*",
    "settings" : {
      "index" : {
        "number_of_shards" : "1"
      }
    },
    "mappings" : {
      "accesslog_type" : {
        "properties" : {
          "method" : {
            "type" : "keyword"
          },
          "host" : {
            "type" : "keyword"
          },
          "uri" : {
```

```
          "type" : "keyword"
        },
        "accesstime" : {
          "type" : "date"
        }
      }
    }
  },
  "aliases" : { }
 }
}
```

■テンプレートの複数定義

インデックステンプレートは複数定義しておくことも可能です。複数のテンプレートを定義する場合には、それが適用される順序を示す"order"というパラメータを付加します。このとき、小さい"order"値を持つテンプレートが先に適用され、順次大きな"order"値を持つテンプレートが適用されます。次の例では2つのインデックステンプレートをそれぞれ異なる"order"値で定義しています。

Operation 3-31　複数のインデックステンプレートを定義する例

```
$ curl -XPUT 'http://localhost:9200/_template/my_default_template' \
-H 'Content-Type: application/json' -d'
{
  "index_patterns": "*",
  "order": 1,
  "settings": {
    "number_of_shards": 3
  }
}
'
$ curl -XPUT 'http://localhost:9200/_template/my_tweet_template' \
-H 'Content-Type: application/json' -d'
{
  "index_patterns": "my_index-*",
  "order": 10,
  "settings": {
    "number_of_shards": 1
  },
```

```
  "mappings": {
    "my_type": {
      "properties": {
        "user_name": { "type": "text" },
        "date": { "type": "date" },
        "message": { "type": "text" }
      }
    }
  }
}
'
```

Operation 3-31 の例では、order が 1 である"my_default_template"が先にチェックされます。インデックス名が"*"となっているため、すべてのインデックスにこのテンプレートが反映されます。次に order が 10 である"my_tweet_template"がチェックされます。ここでもしインデックス名が"my_index-"で始まる場合には、このテンプレートの内容も反映されます。

このように複数のテンプレートが適用された場合には、後で適用された（order の大きな）テンプレートの内容が有効になります（「上書き」で反映されます）。例として"my_index-1"というインデックスを作った場合、後で適用された"my_tweet_template"の設定が上書きで有効になるため、プライマリシャード数は 3 ではなく 1 になることに注意してください。

■テンプレートの削除

最後にテンプレートの削除方法も示しておきます。"_template"API エンドポイントの後ろに削除したいテンプレート名（以下の例では"my_template"）を指定して、DELETE メソッドを発行してください。

Operation 3-32　インデックステンプレートの削除の例

```
$ curl -XDELETE 'http://localhost:9200/_template/my_template'
```

インデックステンプレートを削除したとしても、すでに作成、定義されたインデックスには影響はありません。

3-3 さまざまなクエリ

これまでに、Elasticsearch の導入方法、および、インデックスの登録方法について学んできました。ここからは、いよいよ登録されたデータに対して検索を行うための、さまざまなクエリの実行方法について見ていきます。

Elasticsearch は、クエリ記法が非常に柔軟で、パワフルな検索機能を持つ点が特徴ですが、すべての機能を紹介することは難しいため、この節ではよく使われる基本的なクエリ記法について確認していきます。より複雑なクエリについては次の第 4 章でも引き続き紹介します。

3-3-1 クエリ操作とクエリ DSL の概要

「3-1-2 ドキュメントの取得・検索」でもクエリ操作の概要を紹介しましたが、あらためてクエリの実行方法について説明します。

■クエリの実行

まず、クエリを実行するためには"_search"という API エンドポイントを使用します。URI 全体としては、「http://localhost:9200/< インデックス名 >/< タイプ名 >/_search」のようにクエリの範囲となるインデックス名やタイプ名を指定できます。クエリの範囲は用途に応じてユーザが自由に指定することができます。複数のインデックスや複数のタイプを横断して検索することも可能です。たとえば、Logstash と組み合わせた場合などでは"http://< サーバ名 >:9200/logstash-*/_search"と範囲を指定すれば、複数の日付をまたいだ検索が可能になります。

Table 3-1 クエリの範囲指定の例

API エンドポイント	クエリの範囲
http://< サーバ名 >:9200/my_index1/_search	<my_index1> インデックスを対象に検索
http://< サーバ名 >:9200/my_index1/my_type1/_search	<my_index1> インデックス内の <my_type1> タイプを対象に検索
http://< サーバ名 >:9200/my_index1,my_index2/_search	<my_index1> および <my_index2> インデックスを対象に検索
http://< サーバ名 >:9200/my_index*/_search	<my_index> で始まるインデックス名すべてを対象に検索
http://< サーバ名 >:9200/_search	クラスタ内の全てのインデックスを対象に検索

■クエリ DSL

次に、クエリ DSL についても説明します。Elasticsearch では、ドキュメントを登録する際に JSON オブジェクトとして登録しますが、検索を行う際にもクエリを JSON オブジェクトのフォーマットで記述して実行します。このクエリフォーマットのことを「クエリ DSL（Query DSL）」と呼びます。クエリ DSL は、単純な単語を検索する書き方も、複数の条件を組み合わせた複雑な書き方もできる非常に強力なフォーマットです。

実は Elasticsearch には、クエリ DSL を使わない、URI サーチと呼ばれる簡易なクエリ記法があるにはあるのですが、検索の機能に制限があります。このため、URI サーチはその場で 1 回限りの簡易な検索をする使い方としては便利ですが、通常はクエリ DSL を使った検索方法を覚えておくのがよいでしょう。以降ではクエリ DSL の書き方を紹介していきます。

Operation 3-33　URI サーチを用いた簡易検索の実行方法

```
$ curl -XGET 'http://localhost:9200/<インデックス名>/<タイプ名>/_search\
?q=<フィールド名>:<検索キーワード>'
```

クエリ DSL は検索条件を表現した JSON オブジェクトです。クエリ DSL を使った検索を実行するためには、"-d"オプションによりクエリ DSL をリクエストボディに指定しておいて、GET メソッドあるいは POST メソッドを実行します。

Note　クエリ DSL に使用する HTTP メソッド

クエリ DSL を用いた検索を実行する場合、基本的には GET メソッドを使えばよいのですが、POST メソッドでもクエリを受け付けるようになっています。これはおそらく、クライアント側のツールの実装によっては、リクエストボディを付加して GET メソッドを実行できない場合などがあるためだと思われます。どちらのメソッドを使っても実行結果は同じになるため、状況に応じてどちらかを使うようにしてください。なお、本書ではクエリの実行時には GET メソッドを使っています。

Operation 3-34　クエリ DSL を用いた検索の実行方法

```
$ curl -XGET 'http://localhost:9200/<インデックス名>/<タイプ名>/_search' \
-d'<クエリDSL>'
  または
$ curl -XPOST 'http://localhost:9200/<インデックス名>/<タイプ名>/_search' \
-d'<クエリDSL>'
```

<クエリ DSL> には、次のように JSON フォーマットで検索したい条件を記載します。

Code 3-3　クエリ DSL シンタックスの例

```
{
  "query": { <クエリ内容> },
  "from": 0,
  "size": 10,
  "sort": [ <検索結果のソート指定> ],
  "_source": [ <検索結果に含めたいフィールド名> ]
}
```

●query

query 句には、Elasticsearch に渡したいクエリの内容を JSON オブジェクトで記載します。

●from / size

from / size 句はオプションで、検索結果のページネーションを指定できます。from は検索結果の何件目から表示するかを指定します。from パラメータのデフォルト値は 0 です。size は検索結果に含める件数を指定します。size パラメータのデフォルト値は 10 です。

●sort

sort 句もオプションで、検索結果のソート方法を指定できます。たとえば、ある検索結果を日付の新しい順に取得したい、という場合に使うと便利でしょう。昇順や降順、また、複数のフィールドを使ったソートなども可能です。

●_source

_source 句はオプションで、検索結果に含めるフィールドを指定できます。デフォルトでは、格納されたフィールド値はすべて検索結果にあらわれてしまいますが、検索結果に不要なフィールドを含めたくない場合には、_source オプションで必要なフィールドだけを指定します。

3-3-2　クエリレスポンス

クエリを実行すると、検索結果がクエリレスポンスとして返されます。次にこのレスポンスの内容を見ていきましょう。

例として、事前にドキュメントが格納されているインデックスに、"match"という種類のクエリをクエリ DSL を使って実行します。"match"というクエリは、指定されたフィールド内を対象に、あるキーワードで全文検索をするという基本的なクエリ記法です。

Operation 3-35　match を使ったクエリ実行の例

```
$ curl -XGET 'http://localhost:9200/my_index/my_type/_search?pretty' \
-H 'Content-Type: application/json' -d'
{
  "query": {
    "match": {
      "message": "Elasticsearch"
    }
  }
}
'
```

その結果、以下のようなレスポンスが返されます。

Operation 3-36　match を使ったクエリ実行のクエリレスポンスの例

```
{
  "took" : 4,
  "timed_out" : false,
  "_shards" : {
    "total" : 3,
    "successful" : 3,
    "skipped" : 0,
    "failed" : 0
  },
  "hits" : {
    "total" : 2,
    "max_score" : 0.25316024,
    "hits" : [
      {
```

```
        "_index" : "my_index",
        "_type" : "my_type",
        "_id" : "2",
        "_score" : 0.25316024,
        "_source" : {
          "user_name" : "Taro Tanaka",
          "date" : "2017-10-16T12:45:10",
          "message" : "I like Elasticsearch."
        }
      },
      {
        "_index" : "my_index",
        "_type" : "my_type",
        "_id" : "1",
        "_score" : 0.25316024,
        "_source" : {
          "user_name" : "John Smith",
          "date" : "2017-10-15T15:09:45",
          "message" : "Hello Elasticsearch world."
        }
      }
    ]
  }
}
```

このクエリレスポンスの内容からはいくつかのことがわかります。

●hits.total

このクエリでヒット件数を表します。上の例では2件ヒットしたことがわかります。

●hits.hits._score

検索にヒットしたドキュメントが、どの程度クエリ条件に当てはまるかを表す関連度が、スコアという数値で示されます。スコアの計算は複雑ではありますが、平たく言うと、ある単語の出現頻度を表すTF（Term Frequency）という値、ある単語がどの程度特徴的かを表すIDF（Inverse Document Frequency）という値などをもとにしてBM25と呼ばれるアルゴリズムを用いてスコアが計算されています。BM25アルゴリズムに興味がある方は、これを紹介しているサイトもありますので、参考にしてみてください[*1]。

＊1　https://en.wikipedia.org/wiki/Okapi_BM25

● hits.hits._index / _type / _id / _source

どのインデックスの、どのタイプに格納された、どの id を持つドキュメントが見つかったかを表します。_source フィールドには格納されたフィールドの内容が格納されています。

Elasticsearch から返されるクエリレスポンスもまた、JSON フォーマットとなっています。たとえば、検索アプリケーションを作る場合には、このクエリレスポンスの JSON オブジェクトをパースすることで、特定の情報を抽出してアプリケーション側に渡すといった処理が可能になります。要件によっては、この検索結果をソートしたり、よりさまざまな検索条件でクエリを実行する使い方があるでしょう。次の項では、クエリ DSL でどういった検索条件が記載できるのかを詳しく見ていきます。

3-3-3 クエリ DSL の種類

クエリ DSL では非常に柔軟な検索条件の指定ができます。全体の構造を整理するために、クエリ DSL を大きく次のように分類します。

● 基本クエリ
  全文検索クエリ
  Term ベースクエリ
● 複合クエリ
  Bool クエリ

基本クエリとは、シンプルな単一の種類のクエリを指します。「**基本クエリ**」という呼び方は一般的ではないのですが、後で説明する「**複合クエリ**」と対比させたいため、便宜上このように呼んでいます。基本クエリの種類は大きく分けて「**全文検索クエリ**」と「**Term ベースクエリ**」があります。

複合クエリとは複数の種類の基本クエリを組み合わせて検索条件を構成するものです。代表的なものとして「**Bool クエリ**」があります。「Bool クエリ」では複数の条件を AND、OR、NOT で結合することや、それらの条件をネストすることができます。

以下ではそれぞれのクエリ種別について説明をしていきます。

■基本クエリ-全文検索クエリ

全文検索クエリは、典型的にはログファイルやブログのメッセージ本文のように、文章が格納されるフィールドを対象に全文検索をする場合に用います。全文検索対象のドキュメントは、格納時に単語に分割されて、転置インデックスが構成されることを第1章では紹介しました。全文検索クエリは、この転置インデックスから検索を行う仕組みです。

第2章で説明したフィールド型で言うと、文字列を表すtext型のフィールドは、単語に分割されて転置インデックスが構成されることも覚えているでしょうか。text型のフィールド型を対象に検索する際に、まさにこの全文検索クエリを使います。

以下に、いくつかの全文検索クエリのための、クエリDSLの使い方を紹介します。

●match_allクエリ

match_allクエリは特殊なクエリです。全文検索クエリの仲間ではありますが、検索条件を指定しなくても必ず全件を返します。ヒットした関連度を示す_scoreの値も全件に1.0の最大値が付与されます。match_allクエリは主に格納されたドキュメントの確認などに使います。

Code 3-4　match_allクエリDSLの例

```
{
  "query": {
    "match_all": {}
  }
}
```

●matchクエリ

matchクエリは典型的な全文検索の用途で使うクエリです。match句の中に、フィールド名および検索キーワードを指定します。「Operation 3-35　matchを使ったクエリ実行の例」でもすでに実行例を示しましたが、ここではもう3つほど例を示します。

◇検索キーワードを複数指定する方法

検索キーワードを空白文字などで区切ることで複数のキーワードを指定できます。以下の例では、match句の中に空白で区切られた複数のキーワード（`"Elasticsearch"`と`"world"`）が指定されています。この場合、いずれかの単語が含まれているドキュメントがヒットします。言い換えると、複数キーワードを「OR」条件で検索しているのと同じ意味になります。

Code 3-5　match クエリ DSL の例（検索キーワードを複数指定）

```
{
  "query": {
    "match": {
      "message": "Elasticsearch world"
    }
  }
}
```

たとえば次の 2 つのドキュメントが格納されているとします。

・id = 1 のドキュメント

{ "message" : "Hello Elasticsearch world." }

・id = 2 のドキュメント

{ "message" : "I like Elasticsearch." }

この場合、"Elasticsearch"と"world"2 つのキーワードの OR 条件での検索を行うと 2 件ともヒットすることになります。

◇検索条件のオペレータ（"and"または"or"）を指定する方法

検索条件のオペレータは、デフォルトで「OR」条件になるのですが、ここでは明示的に「AND」条件を指定してみます。先ほどの 2 つのドキュメントが格納されていた場合は、"Elasticsearch"と"world"の両方が含まれているドキュメントが条件となるため、id = 1 のドキュメントのみがヒットします。

Code 3-6　match クエリ DSL の例（検索条件のオペレータを明示的に指定）

```
{
  "query": {
    "match": {
      "message": "Elasticsearch world",
      "operator": "and"
    }
  }
}
```

◇細かな検索条件を指定する方法

最後に、AND でも OR でもない条件指定の方法を紹介します。キーワードが複数指定された場合、AND 条件ではすべてのキーワードが含まれていないとヒットしません。一方 OR 条件の場合は、最低 1 つでもキーワードが含まれているとヒットしてしまいます。その中間的な条件として「**最低 N 個以上のキーワードが含まれていること**」という指定ができると便利です。次の minimum_should_match プロパティを使うと、まさにこのような条件指定が可能になります。

Code 3-7 match クエリ DSL の例（minimum_should_match プロパティの指定）

```
{
  "query": {
    "match": {
      "kids_plate_menu": "curry spaghetti hamburg omelette",
      "minimum_should_match": 2
    }
  }
}
```

ここでは minimum_should_match を説明するための便宜上の例として、子供用のセットメニューを表す kids_plate_menu フィールドを Elasticsearch で検索するケースを考えてみます。上のクエリ DSL では、minimum_should_match の値が 2 となっているため、curry（カレー）、spaghetti（スパゲッティ）、hamburg（ハンバーグ）、omelette（オムレツ）のうち 2 つ以上のキーワードが含まれているメニューがヒットすることになります。

Note　minimum_should_match の指定方法

指定方法は数値、または、割合（%）のいずれかが可能です。上記の例では"2"の代わりに"50%"と指定しても同じ結果となります。

●match_phrase クエリ

match_phrase クエリでは、複数のキーワードを指定した際に、指定された語順のドキュメントのみを検索することができます。match クエリでは語順はバラバラでも検索にヒットするのですが、以下の match_phrase の例では語順までチェックされることになります。

Code 3-8 match_phrase クエリ DSL の例

```
{
  "query": {
    "match_phrase": {
      "catoon_description": "Tom chased Jerry"
    }
  }
}
```

match_phrase クエリを使った場合、ここで指定された3つのキーワード"Tom"、"chased"、"Jerry"はこの順序で並んでいることも条件に含まれます。たとえば「Tom chased Jerry」という文章はヒットしますが「Jerry chased Tom」というドキュメントはヒットしません。

●query_string クエリ

query_string クエリは他のクエリ記法とは少し異なり、検索条件部分に Lucene シンタックスでの検索式を直接記載できます。いわば低レベル検索用のクエリとなります。Lucene シンタックスの詳細は本書では紹介しませんが、以下のようなクエリが記載できます。もし Lucene の細かい検索クエリが必要な場合には query_string クエリを使ってみてください。

Code 3-9 query_string クエリ DSL の例

```
{
  "query": {
    "query_string": {
      "default_field": "message",
      "query": "message:Elasticsearch^2 +message:world -user_name:Smith"
    }
  }
}
```

■基本クエリ - Term ベースクエリ

Term ベースクエリは、指定した検索キーワードに完全一致したフィールドを探すときに使うクエリ種別です。第2章で説明したフィールド型で言うと、keyword 型のフィールドを検索するために使うクエリが Term ベースクエリです。text 型はドキュメントの格納時にアナライザが単語分割処理を行って転置インデックスを構成しますが、keyword 型はアナライザによる分割処理が行われずに、そのままインデックスに格納されます。全文検索クエリは転置インデックスを利用して検索を行うのに対して、Term ベースクエリは転置インデックスを利用せずに、格納されたドキュメントと検索キーワードをそのまま比較する、という点が異なります。まずは、この全文検索クエリと Term ベースクエリの概念の違いを理解した上で、Term ベースクエリのいくつかのクエリ DSL を確認していきましょう。

●Term クエリ

Term クエリは、Term ベースクエリの基本となるクエリです。term 句の中に、フィールド名および検索キーワードを指定して完全一致検索を行います。あくまで完全一致なので、大文字小文字の種別も含めて、格納した語句とまったく同じキーワードを指定しないと検索にヒットしません。例として、Code 3-10 の Term クエリでは、city という keyword 型のフィールドに都市名が格納されているという前提ですが、検索する際には、格納されている文字列と完全に一致するキーワード"New York"を指定します。

Note　意図しない部分一致を防ぐには

仮にこの"city"フィールドが text 型で格納されていた場合、どうなるでしょうか。match クエリで"New"というキーワードで検索すると"New York"だけでなく、たとえば"New Jersey"や"New Orleans"など"New"が付く他の都市名もヒットしてしまうことになります。それが意図する使い方であればよいのですが、もし部分一致によるヒットをさせたくないフィールドであるならば、keyword 型で格納しておき、検索には Term クエリを使うのがよいでしょう。

Code 3-10　term クエリ DSL の例

```
{
  "query": {
    "term": {
      "city": "New York"
    }
  }
}
```

●Terms クエリ

Terms クエリは、Term クエリと同様に完全一致検索を行うクエリですが、検索キーワードを複数指定できる点が異なります。Code 3-11 のクエリ例では複数指定したキーワードのうち、どれか 1 つでも一致すれば検索にヒットします。

Code 3-11　terms クエリ DSL の例

```
{
  "query": {
    "terms": {
      "prefecture": [ "Tokyo", "Kanagawa", "Chiba", "Saitama" ]
    }
  }
}
```

●Range クエリ

Range クエリは、主に数値型や日付型のフィールドを対象として、値の範囲検索を行うためのクエリです。いくつかの例を見てみましょう。

Code 3-12　range クエリ DSL の例（数値型）

```
{
  "query": {
    "range": {
      "stock_price": {
        "gte": "15.00",
        "lte": "25.00"
      }
    }
  }
}
```

上の例は、数値型の"stock_price"というフィールドを対象に、15.00 以上 25.00 以下の範囲検索を行っています。大小関係のオペレータは Table 3-2 に示した 4 種類が指定できます。

Table 3-2　Range クエリで使えるの範囲指定のオペレータ

オペレータ名	意味
gte	～以上
lte	～以下
gt	～より大きい
lt	～より小さい

また、日付型のフィールドを対象とした範囲検索の例を示します。日付型での範囲指定についても上記の4種類のオペレータを使いますが、値となる日付の指定方法はdate型と同じ記法で行います。たとえば、日付型の"birthday"というフィールドを対象に、ある一定の日付範囲の誕生日の人を検索する場合には、Code 3-13のようなクエリDSLになるでしょう。

Code 3-13 range クエリ DSL の例（日付型）

```
{
  "query": {
    "range": {
      "birthday": {
        "gte": "2010-04-02",
        "lte": "2011-04-01"
      }
    }
  }
}
```

さらに、日付型のフィールドを対象とした範囲検索では特別な日付計算用の式を使うことができます。次のクエリDSLは、"manufactured_date"という製造年月日を表す日付型のフィールドを対象に、現在から1週間以内に製造された商品を検索する例です。nowが現在時刻を、1wが1週間を意味する表現を利用しています。これ以外にも利用できる日付に関する表現がいくつかあるため、合わせて紹介します。

Code 3-14 range クエリ DSL の例（日付計算式の利用例）

```
{
  "query": {
    "range": {
      "manufactured_date": {
        "gte": "now-1w"
      }
    }
  }
}
```

Table 3-3　Range クエリの日付計算式で利用可能な表現

記号	意味
y	年
M	月
w	週
d	日
h または H	時間
m	分
s	秒

■複合クエリ - Bool クエリ

Bool クエリは、これまで紹介してきた基本クエリを複数組み合わせて、複合クエリを構成するための記法です。Bool クエリの基本的なクエリ DSL のシンタックスは以下のようになります。

Code 3-15　Bool クエリのクエリ DSL シンタックス

```
{
  "query": {
    "bool": {
      "must": [ <基本クエリ>, <基本クエリ>,,, ],
      "should": [ <基本クエリ>, <基本クエリ>,,, ],
      "must_not": [ <基本クエリ>, <基本クエリ>,,, ],
      "filter": [ <基本クエリ>, <基本クエリ>,,, ]
    }
  }
}
```

このように 1 つの bool 句の中に、must、should、must_not、filter の 4 種類のクエリを自由に組み合わせて構成することができます。また、4 種類それぞれのクエリの中にさらに複数の基本クエリを指定できます。これらをうまく組み合わせると AND、OR、NOT 条件を細かく表現することができます。

●must クエリ

must 句の中には、必ず含まれているべきクエリ条件を記載します。must 句の中に複数の基本クエリを指定した場合は、そのすべての条件が満たされる必要があります。いわゆる AND

条件の指定と同じ意味を持ちます。次の例では、message フィールドに"Elasticsearch"を含み、かつ、username フィールドに"Tanaka"を含むドキュメントがヒットします。

Code 3-16　must 条件の指定方法の例

```
{
  "query": {
    "bool": {
      "must": [
        {"match": {"message": "Elasticsearch"},
        {"match": {"username": "Tanaka"}
      ]
    }
  }
}
```

●should クエリ

should 句の中に複数の基本クエリを指定した場合、いずれかのクエリ条件を満たせばドキュメントがヒットします。いわゆる OR 条件と同じ意味を持ちます。次の例の場合では 2 つある match クエリのいずれかにヒットすればよいことになります。もちろん 2 つともヒットしたドキュメントは、より高いスコアが付けられることになります。

Code 3-17　should 条件の指定方法の例

```
{
  "query": {
    "bool": {
      "should": [
        {"match": {"message": "Elasticsearch"},
        {"match": {"username": "Tanaka"}
      ]
    }
  }
}
```

また、match クエリの説明でも触れた minimum_should_match プロパティが、ここでも使えます。match クエリの場合には、AND 条件でも OR 条件でもない中間的な条件を表現するために、このプロパティを使いました。Bool クエリでもまったく同じ用途でこのプロパティを使えます。次のように、should 句に記載した複数の条件のうち、最低 N 個（または%）以上の条件を満たすこと、という指定ができます。

Code 3-18 should 句での minimum_should_match プロパティの指定の例

```
{
  "query": {
    "bool": {
      "should": [
        {"match": {"message": "Elasticsearch"},
        {"match": {"message": "world"},
        {"match": {"username": "Tanaka"},
        {"match": {"username": "Smith"}
      ],
      "minimum_should_match": "50%"
    }
  }
}
```

●must_not クエリ

must_not 句の中に指定した、基本クエリに当てはまるドキュメントは、検索結果から除外されます。いわゆる NOT 条件と同じ意味を持ちます。Code 3-19 の例では、city フィールドの値が"Seattle"であるドキュメントは検索にヒットしません。

Code 3-19 must_not 条件の指定方法の例

```
{
  "query": {
    "bool": {
      "must_not": [
        {"term": {"city": "Seattle"}
      ]
    }
  }
}
```

●filter クエリ

filter 句はオプションとして使われる句です。これまで紹介した他の3つのクエリと性質が違うため、少し詳しく説明します。

他の3つのクエリについては、検索条件の関連度に応じて、スコアが返されます。これに対して filter クエリでは、検索条件にマッチするかしないか（Yes か No か）のみが返されます。特に Elasticsearch では、これらのふるまいの違いを指して「Query コンテキスト」「Filter コンテキスト」と呼んで区別しています（Figure 3-1）。

Figure 3-1　Query コンテキストと Filter コンテキストの違い

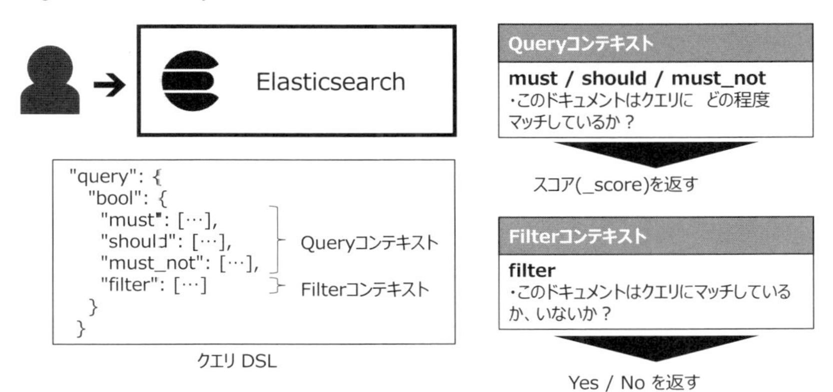

たとえば、直近 1 週間以内に格納されたドキュメントであり、かつ、メッセージ内容に"Elasticsearch"という語句を含む検索の例を考えてみましょう。次のクエリ DSL では、この条件を must 句と filter 句を使って表しています。このとき、must/should/must_not 句では、指定したクエリに各ドキュメントがどの程度マッチしているかを示す条件を記載して、結果としては関連度を表すスコア (_score) が返されます。一方、filter 句では、条件に指定したクエリに各ドキュメントが当てはまるか、否かが判定され、結果としては当てはまるドキュメントのみが返されます。

ここで、filter 句で記載した「**直近 1 週間以内**」という条件については、いわば、対象外のドキュメントの「**足切り**」をしているだけであって、検索結果のスコアには影響を与えない点に注意してください。

Code 3-20　filter 条件の指定方法の例

```
{
  "query": {
    "bool": {
      "must": [
        {"match": {"message": "Elasticsearch"}
      ],
      "filter": [
        "range": {"date": {"gte": "now-1w"} }
      ]
    }
  }
}
```

最後に、filterクエリで知っておくと便利な機能を紹介しておきます。filterクエリでは、クエリキャッシュと呼ばれるキャッシュ機構があり、単に検索範囲を限定したい、スコアに関連しなくてもよいクエリであれば、一般にfilterクエリを使うことで性能向上が図れます。

filterクエリは、検索結果をクエリキャッシュとして各セグメント単位でメモリ上に保持します。したがって、一度検索されたクエリと同じfilterクエリを発行した場合は、このクエリキャッシュが使われるために、非常に高速に検索ができるのです。

3-3-4 クエリ結果のソート

クエリ結果は、デフォルトでスコアに基づいてソートされます。スコア以外のソートを行いたいときは、ソート対象のフィールドを指定して、ソートのカスタマイズが行えます。クエリの検索条件を"query"句で指定したように、ソート条件の指定は"sort"句で行います。

●フィールド名を1つ指定したソート

まずシンプルなソート指定方法から見ていきましょう。"sort"句の中にソート対象となるフィールド名、および、ソート順序（昇順、降順）を指定します。次の例では"stock_price"という株価を表すfloat型のフィールドの値を降順（desc）でソートしています。昇順でソートしたい場合には{"order" : "asc"}と指定します。

Code 3-21 sort句の指定方法の例（フィールド名が1つの場合）

```
{
    "query" : { <クエリの検索条件> },
    "sort" : [
        { "stock_price" : {"order" : "desc"}}
    ]
}
```

●フィールド名を複数指定したソート

"sort"句の中のフィールド指定は、複数記載することもできます。次の例では、2つのソート条件を指定しています。まず"stock_price"フィールド（株価を表す数値の想定）を降順でソートします。もし、そこで同じ"stock_price"値を持つドキュメントが複数ヒットした場合には、さらに"founded"フィールド（会社設立年を表すdate型の想定）を昇順でソートします。

Code 3-22　sort 句の指定方法の例（フィールド名が複数の場合）

```
{
    "query" : { <クエリの検索条件> },
    "sort" : [
        { "stock_price" : {"order" : "desc"}},
        { "founded" : {"order" : "asc"}}
    ]
}
```

●スコアに基づいたソート

ソート条件の特別な記載方法として、"_score"と記載すると関連度スコアに従ってソートが行えます。もともとデフォルトでもスコアによるソートは行いますが、たとえば、前述した複数条件を指定するような場合に、フィールド値のソートと組み合わせて、明示的に関連度スコアのソートを指定できると便利でしょう。次の例ではまず"stock_price"の降順でソートして、もし同じ"stock_price"を持つドキュメントが複数ヒットした場合には、次にスコアによるソートを行います。

Code 3-23　sort 句の指定方法の例（スコア指定の場合）

```
{
    "query" : { <クエリの検索条件> },
    "sort" : [
        { "stock_price" : {"order" : "desc"}},
        "_score"
    ]
}
```

●配列型データの算術計算結果に基づいたソート

あるフィールドの値が配列型をとる場合、配列の値の最小、最大、平均といった算術計算結果に基づいたソート条件を記載することもできます。たとえば、"dayoff"という配列型フィールドが、ある従業員の月ごとの休暇日数を表す、長さ 12 の配列型データであると仮定します。次のようなクエリを実行すると、平均日数を計算して、計算された平均日数によるソートを行うことができます。

Code 3-24　sort 句の指定方法の例（配列型データの場合）

```
{
    "query" : { <クエリの検索条件> },
```

```
    "sort" : [
        { "dayoff" : {"order" : "desc", "mode" : "avg"}}
    ]
}
```

例として、ある従業員の"dayoff"フィールドの値が [3,0,1,0,2,1,3,0,0,4,3,1] だとすると平均値は 1.5 となります。この平均値をもとに降順のソートが行われます。"mode"の後ろにそれぞれ計算したい処理を記述します。Table 3-4 は、利用できる算術処理方法の例です。

Table 3-4　配列型データの算術計算式で利用可能な表現

mode の値	意味
avg	値の平均値
min	値の最小値
max	値の最大値
sum	値の合計値
median	値のメジアン

3-4　まとめ

本章では、Elasticsearch 環境で実際にドキュメントを格納し、それを検索するための基本的な操作方法について解説しました。Elasticsearch では、ドキュメントはリソースとして扱い、REST API を使って管理されます。リソースの作成・取得・更新・削除といったいわゆる CRUD 操作は適切な API エンドポイントや HTTP メソッドを選択して操作することを確認しました。また特に、検索操作についてはクエリ DSL と呼ばれる JSON フォーマットを構成して非常に柔軟に検索できることも多くの例とともに紹介しました。

本章の内容はあくまで基本的な操作の範囲になりますが、次の第 4 章ではより応用的な操作として、Elasticsearch の内部で行われるアナライズの動作や、Aggregate をはじめとした複雑なクエリの紹介をしていきます。

第4章 Analyzer/Aggregation/スクリプティングによる高度なデータ分析

第3章では、Elasticsearchの基本的な操作方法として、ドキュメントやインデックスの扱い方を説明しました。第4章では、これまで説明した内容をさらに発展させて、より高度な概念や機能を紹介します。主な解説内容は3つあります。はじめに全文検索で使われるAnalyzerの機能と使い方を詳しく説明し、次に複雑なデータの分析を可能にするAggregationの機能について説明します。そして最後に、データの細かい処理を行うためのスクリプティングの機能についても紹介します。

第3章までの内容と比較すると難しい内容も含まれますが、この章の内容を理解することで、Elasticsearchの検索精度をさらに向上させることや、Elasticsearchを複雑な分析の用途で活用することができるようになるでしょう。

4-1　全文検索とAnalyzer

「1-1-1　全文検索の仕組み」で紹介したように、Elasticsearchは全文検索を行うために「**索引型検索**」という方式を採用しており、格納したい文章を単語単位に分割して「**転置インデックス**」を構成することで、高速な検索機能を提供しています。

これらの内容をふまえて本節では、Elasticsearchが実際に文章を単語に分割するアナライザの仕組みを詳しく見ていきたいと思います。

第2章で、テキスト文字列をフィールドに格納するためのデータ型としてtext型とkeyword型の2種類があることを説明しましたが、ここでもう一度その違いを思い出してください。text型ではアナライザによって単語の分割が行われて転置インデックスが形成されます。一方keyword型では、アナライザによる単語の分割が行われない、という違いがありました。本節では、Elasticsearchにおけるアナライザの機能について説明していきますが、特に、text型のフィールドを対象として、単語がどのように処理されるかという仕組みについても見ていくことになります。

なお、以降の説明では、「**アナライザ**」をElasticsearchで使われる機能名である「**Analyzer**」と表記します。

4-1-1　Analyzerとは

Elasticsearchでは、全文検索を行うために文章を単語の単位に分割する処理機能を、Analyzerと呼びます。Analyzerを使って文章を単語に分割することで、なぜ全文検索が行えるようになるのでしょうか。次のシンプルな例を使って考えてみます。

- インデックスに格納する文章の例
  「**マラソンが東京で開催される**」

- 上記の文章を全文検索する際のクエリの例
  「**東京でマラソン**」

クエリの文字列は、格納した文章と完全に一致はしていません。それにもかかわらず、私たちは全文検索によって、このクエリ文を用いた検索で、インデックスに格納している文章がヒットしてほしいと期待します。

これを実現するためには、格納する文章、クエリの文字列ともに、単語の単位で分割するという方策をとります。まず、格納する文章を単語の単位で分割していきます。分割の方法もいろいろありますが、扱う文章が日本語であるため、ここでは kuromoji Analysis Plugin と呼ばれる、日本語形態素解析用のプラグインを使って分割する方法を説明します。Figure 4-1 の図は、Analyzer を使って日本語の文章を分割する様子を示しています。

Figure 4-1 文章を単語に分割して全文検索を行う例

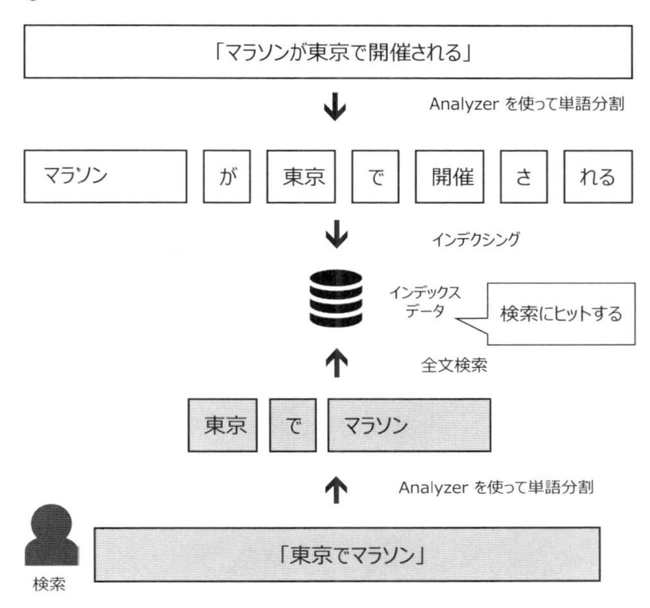

Note kuromoji Analysis Plugin とは

Elasticsearch の標準的な Analyzer では、日本語の形態素解析処理が行えません。オープンソースの日本語形態素解析ソフトウェア kuromoji を Elasticsearch に対応させたこのプラグインを追加インストールすることで、日本語のテキストも扱うことができるようになります。プラグインの導入、設定方法の詳細は「4-1-5 日本語で扱う Analyzer の導入と設定」で解説します。

このように、単語ごとに分割されて転置インデックスが構成されていれば、クエリで「**東京**」や「**マラソン**」というキーワードを用いて、全文検索することが可能になることがわかります。

さらに図からもわかるように、インデックスに格納した文章だけでなく、クエリ文字列も、Analyzer により単語に分割されます。したがって、単語でなく普通の文章をクエリに使って全文検索をした場合でも、正しく検索できる仕組みになっています。実際の利用に当たっては、日本語の助詞に当たる「**が**」や「**で**」といったノイズになる単語は除外するケースが多いのですが、そのような細かい処理に関してもこの後説明します。

では、次のようなクエリを行うケースではどうでしょうか。

● インデックスに格納する文章の例

「Raising two dogs at once is not easy.」

● 上記の文章を全文検索する際のクエリの例

「raise dog」

ここでは"raise dog"という 2 つの単語からなるクエリを使って、格納された文章が検索されることを期待しているものとします。この例では、いくつかある Analyzer の処理方式によって検索結果が異なります。次の 2 つの処理方式での違いを確認してみます。

1 つ目の処理方式の例として、Figure 4-2 の図のように単純に空白区切りで単語を分割する Analyzer を使ってみます。

Figure 4-2　空白区切りで分割して全文検索を行う例

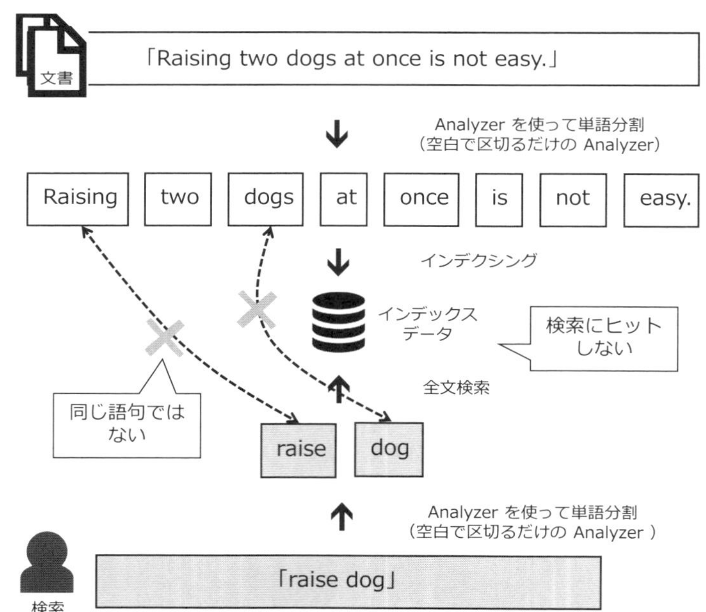

この場合、転置インデックスには"Raising"や"dogs"という単語が格納される一方で、検索クエリには"raise"や"dog"といった単語が使われます。厳密には大文字小文字の違いや活用形の違

いがあるため、期待した検索結果が得られません。

英語の文章の場合には、単数形複数形の違い、大文字小文字の違い、時制や活用形など、いわゆる「**表記のゆれ**」が存在します。日本語の文章の場合も同様で、活用形の変化や、ひらがなとカタカナの表記の違いなどを考慮しなければ、同じ問題が起きてしまいます。

このような問題に対処するため、単語を分割する際に表現を揃えることを目的として、以下のような処理がよく行われます。これらの処理は言語ごとに変換ルールが異なります。

●ステミング

語形の変化を揃えて、同一の表現に変換する処理。**ステム**（stem）は語幹という意味であり、語形変化の幹となる部分を抽出します（例："making"、"makes"を"make"に変換する、"dogs"を"dog"に変換する、"食べる"、"食べた"を"食べ"に変換する）。

●正規化

大文字をすべて小文字に揃える、カタカナをひらがなに揃える、全角文字を半角文字に揃えるなど、文字単位での表記ゆれを揃えるための変換処理

●ストップワード

文章には含まれているが、単語自体に意味や情報を持たない語を除外する処理。"The"や"of"などの冠詞、前置詞や助詞などを除外することが多い。

単に空白で単語を区切るのではなく、上記の処理方式の例としては、English Analyzer と呼ばれる、英語に対応した Analyzer が Elasticsearch でサポートされています。この English Analyzer を用いて単語に分割した場合の例は、Figure 4-3 のようになります。詳細な説明は割愛しますが、"Raising"や"easy"などの単語がステミング処理されていること、"at" "is" "not"などがストップワードとして除外されていることがわかります。このように表現を揃える処理を行うことで、正しく検索できるようになるわけです。

ここまでの議論を以下にまとめます。

- 全文検索では一般的に、インデックスに格納する文章、および、クエリ文字列の文章ともに単語に分割する処理を行う。これにより柔軟な検索が可能となる。
- 言語固有のさまざまな表現のゆれを揃える処理をしておくことで検索の精度が向上する。

Elasticsearch の Analyzer は、まさにこのような処理を行うことを目的としています。以降では、具体的に Analyzer の構造を詳しく見ていきながら、内部でどのような変換処理が行われているか

Figure 4-3　English Analyzer で単語を分割して全文検索を行う例

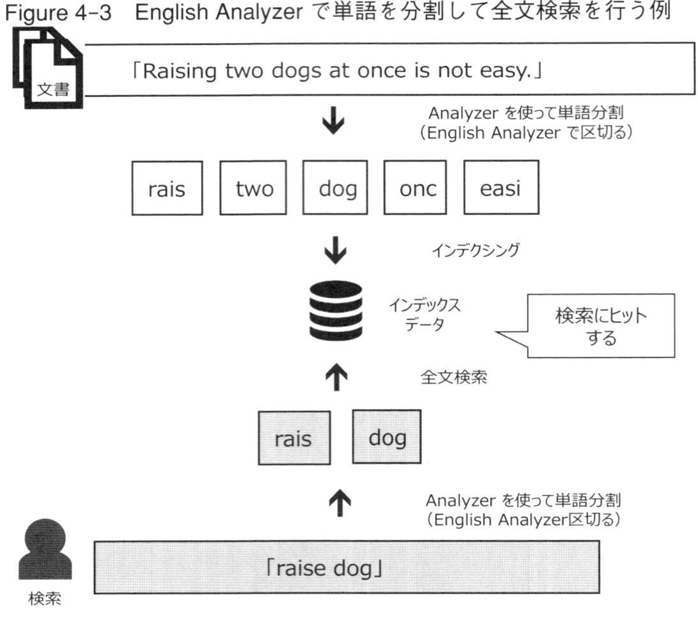

を確認していきましょう。

4-1-2　Analyzer の定義方法

第 3 章でマッピング定義の説明をした際には、マッピングとは、フィールドおよびそのデータ型が定義できる仕組みであると紹介しました。実際には、フィールドとデータ型の定義に加えて、フィールドごとに適用する Analyzer を指定することも可能です。ここでは、**マッピング定義**で Analyzer を指定する方法を説明します。

マッピング定義で Analyzer を指定するには、`"properties"`句の中で定義されるフィールド定義部分で、`"analyzer"`句を記述します。Operation 4-1 に例として`"blog_message"`フィールドの Analyzer として、standard Analyzer という名前の Analyzer を指定する方法を示します。

`"blog_message"`フィールドはデータ型が text 型で、かつ、standard Analyzer が指定されています。これによって、`"blog_message"`フィールドに格納されるテキストについては、インデックス格納時およびクエリ実行時に、standard Analyzer による単語分割が行われるようになります。インデックス格納時だけでなく、クエリ実行時にも、ここで指定した Analyzer が使われる点に注意してください。

Operation 4-1　Analyzer の指定を含んだマッピング定義の作成の例

```
$ curl -XPUT 'http://localhost:9200/my_index' \
-H 'Content-Type: application/json' -d'
{
  "mappings": {
    "my_type": {
      "properties": {
        "blog_message": {
          "type": "text",
          "analyzer": "standard"
        }
      }
    }
  }
}
'
```

Column　形態素解析と N-gram の違い

英語のように単語を空白で区切って記述する言語では、Analyzer は原則的に空白区切りにより単語の分割を行います。一方、日本語や多くのアジア系の言語では、空白区切りが使われないため、文章をなんらかの方法で区切って単語分割を行う必要があります。このように、空白区切りが使われない言語に対してよく用いられる方式として、品詞を推定して品詞単位で単語分割する形態素解析と、文章を機械的に固定長の語に分割する N-gram があります。ここで N は区切る語の長さを表しており、2 文字区切りの場合は 2-gram（bi-gram）、3 文字区切りの場合は 3-gram（tri-gram）と呼びます。これらの分割方式はどのような違いがあるのでしょうか。

例として、kuromoji を使った形態素解析と 2-gram による分割の違いを見てみます。

● kuromoji による形態素解析の例

「東京都の紅葉情報」→「東京都」「の」「紅葉」「情報」

● 2-gram による分割の例

「東京都の紅葉情報」→「東京」「京都」「都の」「の紅」「紅葉」「葉情」「情報」

これらの方式の特徴をあげながら、それぞれのメリット、デメリットを整理します。

● 形態素解析の特徴

あらかじめ用意された辞書に基づいて、品詞の単位で分割されるため、文章に含まれる単語の意味に沿った分割が可能です。逆に言えば、辞書にない単語は認識できないため、新語や人名などを正しく識別しようとする場合には、辞書のメンテナンスが必要になります。また、上記の例で言うと、検索のクエリ文字列として"**東京都**"ではヒットするが、"**東京**"ではヒットしないなど、品詞の抽出結果によっては細かい検索漏れが起こる可能性があります。

● N-gramの特徴

文章の先頭から機械的にインデックスを構成するため、完全一致検索における検索漏れが起きない点が特徴と言えます。一方で、意図しないクエリでヒットしてしまい、検索精度の面で問題になることがあります。上記の例で言うと"**京都　紅葉**"などの、意図しないクエリでもヒットしてしまうというのが問題になります。また、分割後の語の数が形態素解析よりも多くなり、インデックスデータのサイズが増大する傾向にあります。上記の例では「**葉情**」などの不要なインデックスも作成されてしまいます。

このようにそれぞれ一長一短があるものの、kuromojiを使った形態素解析であれば、全文検索の用途では十分実用的です。より検索精度を高めるために、細かいチューニングを行う、複数の方式を組み合わせる、といったアプローチも有効でしょう。その際には、ユーザテストや実際のシステムの検索操作のログをフィードバックとして、利用者が求めている検索結果が返されるように調整を行うことが必要です。

4-1-3　Analyzerの構成要素

Analyzerの概要と定義方法を理解したところで、Analyzerの内部構成要素についても確認しましょう。ElasticsearchにおけるAnalyzerは、内部では次の3つの処理ブロックから構成されています。

- Char filter
- Tokenizer
- Token filter

Elasticsearchに文書が登録される際、または、クエリ文字列が渡された際には、Analyzerの内部ではFigure 4-4のような流れで逐次的に変換処理が実行されます。

Tokenizerは必須の要素で、1つだけ必要です。Char filterとToken filterはオプションなので、任意の数構成することができます。

Analyzerを通るテキストは、まずChar filterを通り各filterによる変換処理が行われます。次にテキストがTokenizerによってトークン（単語）に分割されます。最後に各トークンはToken filterにより変換処理が行われます。

Figure 4-4 Analyzer の内部構成図

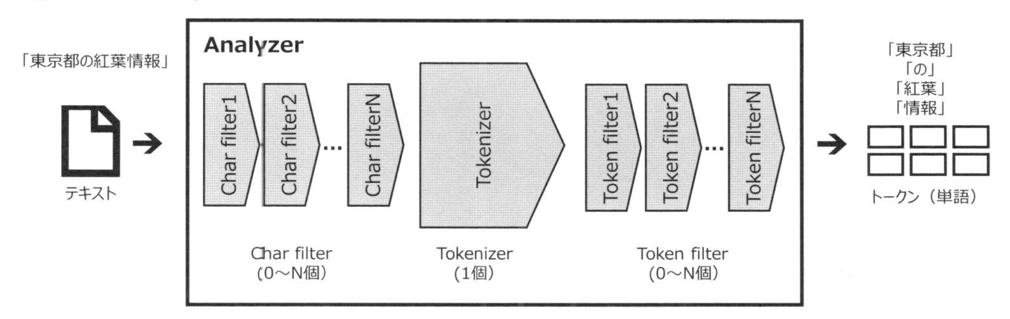

Analyzer とは、これらの 3 種類の構成要素の組み合わせを定義したオブジェクトである、と考えると理解しやすいでしょう。Elasticsearch では、あらかじめよく使われる組み合わせで構成されたビルトインの Analyzer が、いくつか提供されています。

- Standard Analyzer
- Simple Analyzer
- Whitespace Analyzer
- Stop Analyzer
- Keyword Analyzer
- Pattern Analyzer
- Language Analyzers
- Fingerprint Analyzer

たとえば Standard Analyzer では、次のような構成要素が、定義されています。

◇Standard Analyzer の内部構成要素

- Char filter：なし
- Tokenizer：Standard Tokenizer
- Token filter：Standard Token Filter、Lower Case Token Filter、Stop Token Filter

これらの Analyzer をビルトイン構成のままで利用することもできます。あるいは任意の filter を追加するなどのカスタマイズをすることも可能です。Standard Analyzer 以外のビルトイン Analyzer の詳細については脚注に示した URL を参照してください*1。

＊1 Elasticsearch Reference – Analyzers
https://www.elastic.co/guide/en/elasticsearch/reference/current/analysis-analyzers.html

Char filter、Tokenizer、Token filter についても同様にビルトインのオブジェクトが数多く提供されています。それぞれについてどのような filter、tokenzier が提供されているのか、簡単に紹介します。

■ Char filter

Char filter は、入力されたテキストを前処理するためのフィルタ機能です。次工程の Tokenizer で単語分割を行う前に、Char filter で文字単位での変換処理を行います。次の 3 種類のビルトイン Char filter が提供されています。

●HTML Strip Character Filter

HTML フォーマットのテキストに含まれるタグを除去するフィルタです。

（例："<br>"→除去）

●Mapping Character Filter

入力文字に含まれる特定の文字に対してマッピングルールを定義しておき、ルールに基づいた変換処理を行うフィルタです。

（例：":)"→"_happy_"）

●Pattern Replace Character Filter

定義された正規表現ルールに基づいて入力文字の変換処理を行うフィルタです。

（例："123-456-789"→"123_456_789"）

■ Tokenizer

Tokenizer は、Char filter の出力テキスト（Char filter が未定義の場合は入力テキスト）を入力として、テキストの分割処理を行い、トークン（単語）の列を生成します。多くのビルトイン Tokenizer が提供されているため、個々の Tokenizer の説明は省略しますが、Tokenizer は大きく分けて 3 種類の機能群に分類できます。

●単語分割用の Tokenizer

空白など単語の境界を識別して、トークン（単語）に分割するタイプの Tokenizer です。
Standard Tokenizer、Whitespace Tokenizer、Letter Tokenizer、Lowercase Tokenizer、UAX URL

Email Tokenizer、Classic Tokenizer、Thai Tokenizer が提供されています。

●N-gram 分割用の Tokenizer

N-gram 分割を行うための Tokenizer です。N-gram Tokenizer と Edge N-gram Tokenizer が提供されています。

●構造化テキスト分割用の Tokenizer

メールアドレス、URL、ハイフン区切りの文字列、ファイルパス文字列などの構造化テキストを分割するために用いられる Tokenizer です。Keyword Tokenizer、Pattern Tokenizer、Simple Pattern Tokenizer、Simple Pattern Split Tokenizer、Path Tokenizer が提供されています。

■ Token filter

Token filter は、Tokenizer が分割したトークン（単語）に対して、トークン単位での変換処理を行うためのフィルタ機能です。デフォルトで提供されるビルトイン Token filter は 40 個以上もあるため、個々の説明は省略しますが、ここでは利用頻度の多い Token filter を 4 つ紹介します。

●Lower case Token filter

トークンの文字をすべて小文字に変換するフィルタです。

●Stop Token filter

ストップワードの除去を行うフィルタです。言語ごとにデフォルトのストップワードリストが定義されています。ストップワードリストのカスタマイズも可能です。

●Stemmer Token filter

言語ごとに定義されたステミング（語幹）処理を行うフィルタです。

●Synonym Token filter

類義語（シノニム）を正規化して 1 つの単語に変換するためのフィルタです。たとえば"jump"、"leap'など、同じ「飛ぶ」という意味を持つ単語を、すべて"jump"に変換して揃える、といった処理が可能になります。類義語の定義ファイルを指定して、独自の変換ルールをカスタマイズすることが可能です。

ここにあげたものはすべて、Elasticsearch がデフォルトで提供するビルトインの filter および tokenizer ですが、カスタムの filter、tokenizer を Java 言語で実装することも可能です。

4-1-4　Analyzer のカスタム定義

ここでは Analyzer、Char filter、Tokenizer、Token filter をそれぞれカスタム定義する方法について確認していきます。

■ Analyzer 構成のカスタム定義

まず、ビルトインの Analyzer を使わずに、Analyzer の構成をカスタム定義する方法を説明します。カスタム Analyzer を利用するためには、以下のようにインデックス定義の"settings"句の中に"analysis"句を記述して、その中で Analyzer の構成を定義します。

Operation 4-2　カスタム Analyzer の定義の例

```
$ curl -XPUT 'http://localhost:9200/my_index/' \
-H 'Content-Type: application/json' -d'
{
  "settings": {
    "analysis": {
      "analyzer": {
        "my_analyzer": {
          "type": "custom",
          "char_filter": [ "html_strip" ],
          "tokenizer": "standard",
          "filter": [ "lowercase", "stop" ]
        }
      }
    }
  }
}
'
```

"analysis"句の下は、"analyzer"、"char_filter"、"tokenizer"、"filter"のいずれかを指定可能です。カスタム Analyzer を定義する場合は"analyzer"を指定して、その下に Analyzer の名前（この例では"my_analyzer"）を定義します。また、Analyzer の構成をカスタマイズするという意味で type を"custom"に指定します。最後に char_filter、tokenizer、filter についてそれぞれ定義を記述します。char_filter および filter（Token filter のこと）は複数定義できるため配列指定となりますが、配列に指定したフィルタが左から順番に適用されるというふるまいとなるので、定義する順序にも注意してください。

■ Char filter/Tokenizer/Token filter の設定カスタマイズ

次に、Char filter、Tokenizer、Token filter のカスタム定義の方法についても確認しましょう。Analyzer のときと同様に、"analysis"句の下に"char_filter"、"tokenizer"、"filter"を指定することで、それぞれの動作設定をカスタマイズすることができます。

例として、"filter"句を使って、ビルトインの stop Token filter の設定をカスタマイズしてみましょう。ここでは、ユーザ独自のストップワードの語を 4 つだけ定義してみます。

Operation 4-3　stop Token filter のカスタム定義（ストップワードの指定）の例

```
$ curl -XPUT 'http://localhost:9200/my_index/' \
-H 'Content-Type: application/json' -d'
{
  "settings": {
    "analysis": {
      "filter": {
        "my_stop": {
          "type": "stop",
          "stopwords": [ "the", "a", "not", "is" ]
        }
      }
    }
  }
}
'
```

カスタマイズを行うため filter の名前（この例では"my_stop"）を定義します。"type"句の指定は、ビルトインの stop Token filter を表す"stop"を指定します。この filter では"stopwords"句を指定することで、任意のストップワードを配列で定義することが可能なので、4 つの語を指定しています。

同様にして、Tokenizer や Char filter も動作設定をカスタマイズすることが可能です。設定項目は多岐にわたるため、以下に示す各ドキュメントを参照していただくのがよいでしょう。

●Char filter

https://www.elastic.co/guide/en/elasticsearch/reference/current/analysis-charfilters.html

●Tokenizer

https://www.elastic.co/guide/en/elasticsearch/reference/current/analysis-tokenizers.html

●Token filter

https://www.elastic.co/guide/en/elasticsearch/reference/current/analysis-tokenfilters.html

これまでの説明では、Analyzer のカスタム定義、および、Char filter、Tokenizer、Token filter のカスタム定義を別々に指定しましたが、これらは 1 つにまとめて定義することができます。上記の 2 つの定義を 1 つにまとめると以下のようになります。

Operation 4-4　カスタム Token filter とカスタム Analyzer をまとめて定義する例

```
$ curl -XPUT 'http://localhost:9200/my_index/' \
-H 'Content-Type: application/json' -d'
{
  "settings": {
    "analysis": {
      "analyzer": {
        "my_analyzer": {
          "type": "custom",
          "char_filter": [ "html_strip" ],
          "tokenizer": "standard",
          "filter": [ "lowercase", "my_stop" ]
        }
      },
      "filter": {
        "my_stop": {
          "type": "stop",
          "stopwords": [ "the", "a", "not", "is" ]
        }
      }
    }
  }
}
```

```
'
```

"analysis"句の下に、"analyzer"句と"filter"句を並べて定義している点に着目してください。ここでは"filter"句で定義した my_stop Token filter を、"analyzer"句の構成定義で指定しています。同じような手順で、char_filter、tokenizer についても、カスタマイズして Analyzer の構成に組み込みことができますので、興味があればいろいろな構成を試してみてください。

Tips　Analyzer の動作を確認する

Analyzer がどのようにテキストを処理するかについては、試行錯誤が必要なケースがよくあります。その際に、都度ドキュメントを格納することなく、Analyzer 単体での動作確認ができると非常に便利です。"_analyze"というエンドポイント URI を POST メソッドで呼び出すことで、Analyzer による変換処理の単体動作を確認することができます。

Operation 4-5　Analyzer の動作確認の例

```
$ curl -XPOST 'http://localhost:9200/_analyze' \
-H 'Content-Type: application/json' -d'
{
  "analyzer": "standard",
  "text": "Hello Elasticsearch"
}
'
```

Operation 4-5 のコマンド実行結果として、次のように、分割されたトークンの情報が確認できます。指定した standard Analyzer の働きによって、空白区切りおよび小文字変換処理が行われていることが確認できます。自分でカスタマイズをする際にはぜひこの方法を活用してください。

Operation 4-6　Analyzer の動作確認結果出力の例

```
{
  "tokens": [
    {
      "token": "hello",
      "start_offset": 0,
      "end_offset": 5,
```

```
        "type": "<ALPHANUM>",
        "position": 0
      },
      {
        "token": "elasticsearch",
        "start_offset": 6,
        "end_offset": 19,
        "type": "<ALPHANUM>",
        "position": 1
      }
    ]
  }
```

4-1-5　日本語を扱う Analyzer の導入と設定

Analyzer に関する最後のトピックとして、日本語を扱う Analyzer について紹介します。Elasticsearch では、デフォルトでは日本語を扱う Analyzer は提供されていません。しかしながら、プラグインを追加インストールすることで、簡単に日本語を扱う Analyzer を構成することができます。

現在 Elasticsearch で日本語を扱えるプラグインとして、ICU Analysis Plugin と kuromoji Analysis Plugin の 2 種類が提供されています。ICU Analysis Plugin は、日本語以外にも中国語、韓国語、タイ語など複数のアジア系言語を 1 つの Analyzer で統一的に解析するプラグインであり、kuromoji Analysis Plugin は、オープンソースの日本語形態素解析エンジンである kuromoji を Elasticsearch に統合したプラグインです。

ここでは、日本語を扱う Analyzer としてよく利用されている kuromoji Analysis Plugin について、その導入手順と構成方法について説明していきます。ICU Analysis Plugin についてもほぼ同様の手順が適用できます。詳細については Elasticsearch の公式ドキュメントの記述を参照してください。

■ kuromoji Analysis Plugin の導入方法

最初に、kuromoji Analysis Plugin を各ノードにインストールしてください。インストールを行うプラグイン名は`"analysis-kuromoji"`です。プラグインのインストール完了後、サービスの再起動が必要です。

Operation 4-7　kuromoji Analysis Plugin のインストール手順

```
### CentOS7 で yum install を行った場合の Elasticsearch の HOME ディレクトリに cd コマンドで移動する
### 「Note　HOME ディレクトリの場所」参照
$ cd /usr/share/elasticsearch
$ sudo bin/elasticsearch-plugin install analysis-kuromoji
-> Downloading analysis-kuromoji from elastic
[=================================================] 100%
-> Installed analysis-kuromoji

$ sudo systemctl restart elasticsearch
```

プロキシを介して外部にアクセスする環境では Operation 4-8 のように環境変数にプロキシ情報を指定してください。

Operation 4-8　kuromoji Analysis Plugin のインストール手順（プロキシ環境下の場合）

```
$ cd /usr/share/elasticsearch
$ sudo ES_JAVA_OPTS="-Dhttp.proxyHost=<proxyHost> \
-Dhttp.proxyPort=<proxyPort> -Dhttps.proxyHost=<proxyHost> \
-Dhttps.proxyPort=<proxyPort>" bin/elasticsearch-plugin install \
analysis-kuromoji
-> Downloading analysis-kuromoji from elastic
[=================================================] 100%
-> Installed analysis-kuromoji

$ sudo systemctl restart elasticsearch
```

Note　HOME ディレクトリの場所

Elasticsearch の HOME ディレクトリの場所は、yum や apt-get でパッケージインストールを行った場合は、デフォルトで"/usr/share/elasticsearch"となります。もしくは、このディレクトリは、Elasticsearch の起動時に JVM オプション"-Des.path.home"で指定されることから、以下のように ps コマンドを用いても確認することが可能です。

Operation 4-9　Elasticsearch の HOME ディレクトリ確認方法

```
$ ps -ef | grep "es.path.home"
```

```
elastic+  8453     1  5 00:41 ?        00:02:09 /bin/java -Xms2g -Xmx2g
-XX:+UseConcMarkSweepGC ... -Des.path.home=/usr/share/elasticsearch ...
```

■ kuromoji Analysis Plugin の設定方法

特定のフィールドに kuromoji プラグインの使用を定義するためには、Operation 4-1 で示した方法でマッピング定義を行います。

Operation 4-10　kuromoji Analyzer の指定を含んだマッピング定義の作成の例

```
$ curl -XPUT 'http://localhost:9200/my_index' \
-H 'Content-Type: application/json' -d'
{
  "mappings": {
    "my_type": {
      "properties": {
        "user_name": {
          "type": "text",
          "analyzer": "kuromoji"
        }
      }
    }
  }
}
'
```

また、Analyzer だけでなく、Char filter、Tokenizer、Token filter についても kuromoji に対応したビルトイン機能がいくつか提供されています。それぞれ以下のような機能があり、どれも日本語を扱う上では非常に有用です。

● Char filter

◇kuromoji_iteration_mark

日本語の踊り字（々、ゞなど）を正規化するフィルタです。

（例："常々"→"常常"）

●Tokenizer

◇kuromoji_tokenizer

kuromoji を用いた日本語形態素解析を行う Tokenizer です。この Tokenizer は、動作をコントロールするための設定が 3 種類あります。デフォルト設定のまま使用しても問題ありません。もし設定を変更する場合は以下を参照してください。

◆mode

形態素解析のモードを次の 3 つから選択できます。デフォルトは"search"モードです。

・"normal"：単語が分割されないモードです（例："関西国際空港"→"関西国際空港"）

・"search"：最小単位に分割した単語とともに、長い単語もあわせて含むモードです（例："関西国際空港"→"関西" "国際" "空港" "関西国際空港"）

・"extended"：未知の単語は 1-gram として 1 文字単位に分割するモードです。（例："ぐぐる"→"ぐ" "ぐ" "る"）

◆discard_punctuation

"true"と指定した場合は句読点を除外します。デフォルトは"true"です。

◆user_dictionary

ユーザ辞書ファイルを使う場合にそのファイルパスを指定します。

●Token filter

◇kuromoji_baseform

動詞や形容詞などの活用で語尾が変わっている単語をすべて基本形に揃えるフィルタです。

（例："大きく"→"大きい"）

◇kuromoji_part_of_speech

助詞などの不要な品詞を指定に基づいて削除するフィルタです。

（例："東京の紅葉情報"→助詞の"の"を削除）

◇kuromoji_readingform

漢字をその読み仮名に変換するフィルタです。読み仮名は設定によりカタカナかローマ字を選択できます。

（例："寿司"→"スシ"もしくは"sushi"）

◇kuromoji_stemmer

語尾の長音を削除するフィルタです。

（例："コンピューター"→"コンピュータ"）

◇ja_stop

日本語用のストップワード除去フィルタです。デフォルトのままでも"あれ" "それ"などを除去してくれます。

（例："これ欲しい"→"欲しい"）

◇kuromoji_number

漢数字を数字に変換するフィルタです。

（例："五〇〇〇"→"5000"）

■ kuromoji Analysis Plugin を用いたインデックスの例

最後に、kuromoji Analysis Plugin を有効にしたインデックスに対して、ドキュメントの登録とクエリを実行して、全文検索が正しく行えることを確認してみましょう。text 型のフィールド user_name と message に対して、kuromoji Analyzer をデフォルト設定のまま利用します。

Operation 4-11　kuromoji Analyzer を用いたインデックス登録の例

```
$ curl -XPUT 'http://localhost:9200/my_index' \
-H 'Content-Type: application/json' -d'
{
  "mappings": {
    "my_type": {
      "properties": {
        "user_name": {
          "type": "text",
          "analyzer": "kuromoji"
        },
        "date": {
          "type": "date"
        },
        "message": {
          "type": "text",
          "analyzer": "kuromoji"
```

```
        }
      }
    }
  }
}
'
```

インデックスが作成できたら、日本語を含むドキュメントを2件ほど格納してみましょう。

Operation 4-12 日本語を含むドキュメントの登録の例

```
$ curl -XPOST 'http://localhost:9200/my_index/my_type/' \
-H 'Content-Type: application/json' -d'
{
    "user_name": "山本 太郎",
    "date" : "2017-10-15T15:09:45",
    "message": "秋は京都で紅葉狩りをします。"
}
'
$ curl -XPOST 'http://localhost:9200/my_index/my_type/' \
-H 'Content-Type: application/json' -d'
{
    "user_name": "佐藤 洋子",
    "date" : "2017-10-15T15:09:45",
    "message": "冬は北海道でスキーをします。"
}
'
```

「Tips Analyzer の動作を確認する」で紹介したように、指定した Analyzer でどのようにトークン分割が行われるのか、確認しておくのも、検索精度を向上するためのよいプラクティスと言えるでしょう。ここでに試しに、message フィールドへ格納した文章がどのように分割されるかを確認します。

Operation 4-13 Analyzer の動作確認の例

```
$ curl -XPOST 'http://localhost:9200/my_index/_analyze' \
-H 'Content-Type: application/json' -d'
{
```

```
  "analyzer": "kuromoji",
  "text": "秋は京都で紅葉狩りをします。"
}
'
```

その結果、期待通りに日本語による形態素解析が行われていることが確認できました。

Operation 4-14　Analyzer の動作確認結果の例

```
{
  "tokens": [
    {
      "token": "秋",
      "start_offset": 0,
      "end_offset": 1,
      "type": "word",
      "position": 0
    },
    {
      "token": "京都",
      "start_offset": 2,
      "end_offset": 4,
      "type": "word",
      "position": 2
    },
    {
      "token": "紅葉狩り",
      "start_offset": 5,
      "end_offset": 9,
      "type": "word",
      "position": 4
    }
  ]
}
```

最後に、格納したドキュメントに対して全文検索でクエリ実行してみます。message フィールドを対象として、クエリにも日本語の文章を使ってみます。前述したように、クエリの文章についても、message フィールドで指定した kuromoji Analyzer が適用されて、トークンに分割されるため、正しく検索が行えました。

Operation 4-15　日本語文章による全文検索の例

```
$ curl -XGET 'http://localhost:9200/my_index/my_type/_search' \
-H 'Content-Type: application/json' -d'
{
  "query": {
    "match": {
      "message": "京都の秋のおすすめ"
    }
  }
}
'
```

Operation 4-16　日本語文章による全文検索結果の例

```
{
  "took": 24,
  "timed_out": false,
  "_shards": {
    "total": 3,
    "successful": 3,
    "skipped": 0,
    "failed": 0
  },
  "hits": {
    "total": 1,
    "max_score": 0.5753642,
    "hits": [
      {
        "_index": "my_index",
        "_type": "my_type",
        "_id": "AWDYqO01WGCD-oHLtYcr",
        "_score": 0.5753642,
        "_source": {
          "user_name": "山本 太郎",
          "date": "2017-10-15T15:09:45",
          "message": "秋は京都で紅葉狩りをします。"
        }
      }
    ]
  }
}
```

本節では、全文検索を行う際にテキストの分割処理を行う Analyzer の機能を紹介しました。検索システムの精度を向上しようとする際には、ここで紹介した Analyzer の仕組みと設定方法がきっと役に立つはずです。もしクエリの結果が期待したとおりでなかった場合には、Analyzer がどのようにテキストを処理しているのかを、一度確認することをお勧めします。

4-2 Aggregation

ユーザが扱うデータの量は年々増加しています。また、管理・分析するデータの種類も増加しており、ログファイルをはじめ、センサやモバイルなどのデバイスから時々刻々と収集されるストリーミングデータ、膨大な統計データなど多岐にわたります。

Elasticsearch で行えるのは全文検索だけではありません。より複雑なデータの分析を簡単に行う機能を、Elasticsearch は提供しています。ここでは一歩進んだクエリの機能として、Elasticsearch で利用可能な Aggregation と呼ばれる分析機能について紹介します。

4-2-1 Aggregation とは

Aggregation とは、検索結果の集合に対して、分類や集計を行うことができる機能です。通常の検索は、ユーザが指定したクエリ条件に基づいて、ヒットした文書を検索結果として返します。一方、Aggregation では、ドキュメントを特定のグループに分類することができ、さらにそのグループごとの件数、最大値、平均値といった統計量の値を返すことができます（Figure 4-5）。

Elasticsearch では、通常の検索を行いながら、同時に Aggregation による統計値を求めることも可能です。つまり、任意のクエリ・フィルタでドキュメントを検索・絞り込みながら、同時に Aggregation を実行する操作が、1 回のクエリ操作で行えます。実際に、Figure 4-5 の Aggregation の例でも、書籍の販売時期を絞り込んだ上でジャンル別の統計値を求めていることがわかります。このように Elasticsearch では、検索と Aggregation をシームレスに統合できる点が非常に特徴的であると言えます。

Note　Kibana における検索と Aggregation の統合

この特徴は後ほど紹介する Kibana を使った際のユーザインターフェースでも活用されています。Kibana では、検索クエリ、Aggregation を活用した分類・集計・ドリルダウンといった操作が UI でシームレスに統合されているため、非常に直観的にデータ分析を行うことが可能です。

Figure 4-5　通常の検索と Aggregation の違い

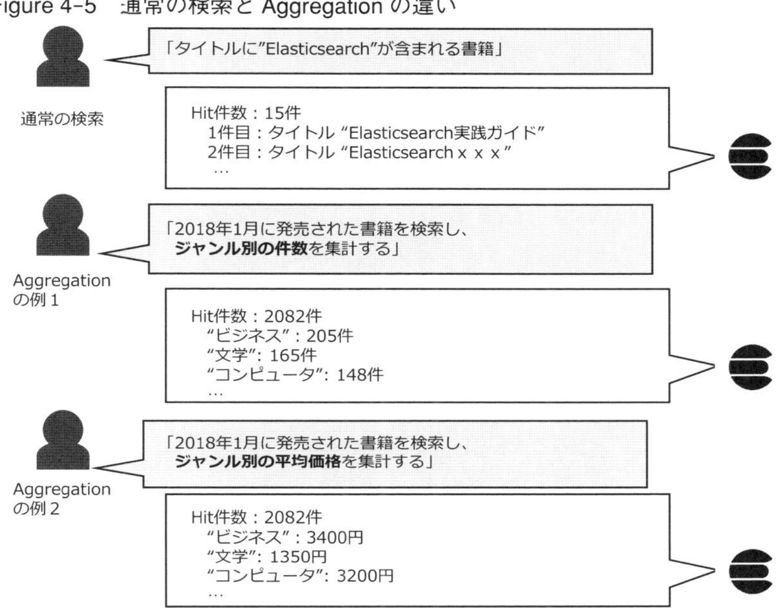

4-2-2　Aggregation の構成

Aggregation では、分類や集計を行うための多くのタイプがあります。それらのタイプをカテゴリ分けすると次の 4 つに分類されます。

●Metrics

Metrics は、分類された各グループに対して、最小、最大、平均などの統計値を計算します。書籍のジャンル別に件数をカウントする、平均価格を集計する、などは Metrics の機能です。Elasticsearch で利用可能な Metrics 機能はこの後紹介します。

●Buckets

Buckets は、ドキュメントをそのフィールド値に基づいてグループ化するための分類方法を表します。書籍のジャンルを表すフィールドを使ってジャンル名ごとのグループに分類する、といった使い方ができます。また、書籍の価格を表すフィールドを使えば、価格帯ごとにグループ分けする（1000 円未満、1000～2000 円、2000～3000 円、3000 円以上など）、といった分類もできるでしょう。Buckets で利用できる分類機能についてもこの後紹介します。

●Pipeline

Pipelineは、Bucketsなどの他のAggregationの結果を用いてさらに集計をする機能です。たとえば、月別の平均株価を分類・集計し、さらに前月からの差分を計算する場合などにPipelineを使うことができます。

●Matrix

Matrixは、複数のフィールドの値を対象に相関や共分散などの統計値を計算することができる機能です。

基本的なカテゴリはBucketsとMetricsです。文書全体をBucketsでグループに分割し、グループごとの統計値をMetricsで求めるというのが典型的なユースケースです。Bucketsのみを使う（この場合、統計値は利用できませんが、ドキュメント数だけは取得できます）ことや、Metricsのみを使うことも可能です。また、Bucketsを複数構成して、グループとそのサブグループといった階層構造をとることもできます（Figure 4-6）。

Figure 4-6　BucketsとMetricsを用いた分類と集計の例

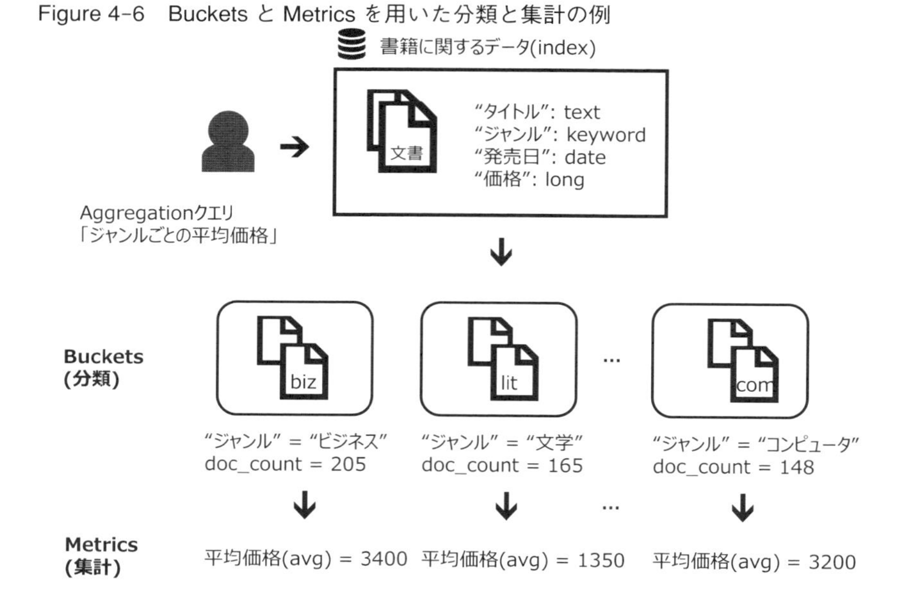

このようにAggregationは個々のタイプをうまく組み合わせることで非常に柔軟な分析が行える点が大きな特徴であるとも言えます。

Note　Matrix 機能

Matrix は現在実験的な機能とされており、将来のリリースでは利用できなくなる可能性があります。

Column　Aggregation と SQL における集約機能とを対比して理解する

Aggregation について考える際には、SQL が持つ類似の機能と対比させると理解しやすいでしょう。

SQL における集約機能では、GROUP BY 句と、COUNT、SUM、MAX などの集約関数が使われます。GROUP BY 句は、あるフィールドを指定して、同じ値を持つレコード群をグループ化する機能です。COUNT などの集約関数を GROUP BY 句と合わせて用いると、各グループに対する統計値を求めることができます。

Code 4-1　グループ化と集約を行う SQL 文の例

```
SQL> SELECT genre, COUNT(*) FROM books GROUP BY genre;

genre      | count
----------+-------
politics   | 2650
science    | 2145
computer   | 1921
```

この SQL の例は、書籍テーブル（books）に格納されたレコードを対象にして、ジャンル（genre）列の値ごとにグループ化（GROUP BY）して冊数を合計（COUNT）するクエリの例です。Elasticsearch の Aggregation の場合、GROUP BY 句が Buckets に該当して、COUNT 関数が Metrics に該当することが理解いただけるかと思います。

以降では、Aggregation を使う上で重要となる、Metrics と Buckets の 2 つの基本機能に着目して説明を行います。

■ Aggregation のクエリ記法について

はじめに Aggregation を用いたクエリ記法について確認しておきましょう。以下は Aggregation の基本的な記法です。

ここではクエリ全体のうち、Aggregation 部分のみを抜粋して記載している点に注意してください。実際には"_search"エンドポイントに対して、以下の aggregation 句を含んだ JSON フォーマットでクエリを投げる点は通常の検索と同じです。

Code 4-2 Aggregation の基本的なクエリ記法（aggregation 句のみ記載）

```
"aggregations": {
  "<aggregation_name>": {
    "<aggregation_type>": {
      <aggregation_body>
    }
  }
}
```

"aggregations"句は Aggregation 定義の先頭に必ず記載します。スペルが長いため"aggs"と省略することも可能です。"<aggregation_name>"の部分には任意の名前を定義します。"<aggregation_type>"は Metrics、Buckets、Pipeline、Matrix のいずれかに属する、各 Aggregation 機能タイプの名前を定義します。たとえば、Metrics のタイプでは合計値を求める sum、平均値を求める avg を指定できます。また、Buckets のタイプではフィールド値の範囲ごとに分類する range などのタイプ名を指定できます。

<aggregation_body>には各タイプに固有の aggregation の内容を定義します。たとえば、avg タイプを指定する場合には、平均値を求める対象のフィールド名を定義することになります。

上記は基本的な記法ですが、"aggregations"句は複数指定することや、"aggregations"句の中に入れ子でさらに"aggregations"句を定義することも可能です。

以降の節では、Metrics と Buckets のさまざまな機能タイプについて、クエリの定義方法や使用方法を説明していきます。

4-2-3 Metrics の定義方法

Metrics は、指定したデータセットにおける、最小、最大、平均などの統計値を計算する aggregation です。ここで、データセットを指定する方法がいくつかありますので確認しておきます。

1つがquery句を使う方法です。query句で検索条件を指定することで、まずデータセットが絞り込まれます。絞り込んだデータセットに対して、Metricsの集計を行います。

2つ目が、本節で紹介するBucketsを使う方法です。Bucketsを使ってドキュメントをグループ化して、グループ化されたデータセットに対して、それぞれMetricsの集計を行います。

query句もBucketsも使わないことも可能ですが、その場合、絞り込みもグループ化も行われないため、インデックスに格納されているドキュメント全体の統計値を計算することになります。

以下では、利用頻度の多いMetricsの機能について紹介します。

● avg

avgは、数値型データのフィールドにおける平均値を計算します。Operation 4-17の例ではquery句を使う方法として、まず"office"フィールドが"Otemachi"であるエントリを絞り込みます。絞り込んだデータセットを対象として、"salary"フィールド（数値型）の平均値を求めています。各Aggregationには、必ず名前を定義する必要があることに注意してください。ここでは"avg_salary"という名前を付けています。

Operation 4-17　avg Met cs のクエリ記法の例

```
$ curl -XGET 'http://localhost:9200/employee/_search' \
-H 'Content-Type: application/json' -d'
{
  "size": 0,
  "query" : {
    "match": {
      "office": "Otemachi"
    }
  },
  "aggs": {
    "avg_salary": {
      "avg": {
        "field": "salary"
      }
    }
  }
}
'
```

このクエリを実行すると、Operation 4-18のようなレスポンスが返されます。クエリの結果として、30 件がヒットしてその平均値が 420000 であることがわかりました[†]。

† ここではレスポンス全体を記載していますが、これ以降は紙面の都合上、"aggregations"句部分のみを抜粋して示します。

Tips "size": 0 を指定して Aggregation の統計値のみを取り出す

「Operation 4-17 avg Metics のクエリ記法の例」のクエリでは、"size"句に 0 を指定しています。このように、Aggregation のクエリで"size"句に 0 を指定した場合、"query"句で検索したドキュメントの内容はレスポンスに含まれずに、Aggregation で計算した統計量の数値だけがクライアントに返されるようになります。ドキュメントの検索結果が特に必要ではなく、Aggregation の計算結果のみを知りたい場合には、"size"句に 0 を指定するとクエリレスポンスが簡素化されるのでよいでしょう。

Operation 4-18 avg Metics のクエリレスポンスの例

```
{
  "took": 6,
  "timed_out": false,
  "_shards": {
    "total": 30,
    "successful": 30,
    "skipped": 0,
    "failed": 0
  },
  "hits": {
    "total": 30,
    "max_score": 0,
    "hits": []
  },
  "aggregations": {
    "avg_salary": {
      "value": 420000.0
    }
  }
}
```

● max/min

max/min は、avg 同様に数値型データのフィールドにおける最大値、最小値を計算します。Operation 4-19 に min と max をそれぞれ求めるクエリの例を示します。このクエリでは、"group"フィールドの値が"HR section"であるエントリをまず検索し、その中で"salary"フィールド（数値型）の最小値と最大値がそれぞれ計算されて返されます。

Operation 4-19 min および max Metics のクエリ記法の例

```
$ curl -XGET 'http //localhost:9200/employee/_search' \
-H 'Content-Type: application/json' -d'
{
  "size": 0,
  "query" : {
    "term": {
      "group": "HR section"
    }
  },
  "aggs": {
    "min_salary": {
      "avg": {
        "field": "salary"
      }
    },
    "max_salary": {
      "avg": {
        "field": "salary"
      }
    }
  }
}
'
```

Operation 4-20 min および max Metics のクエリレスポンスの例

```
"aggregations": {
  "max_salary": {
    "value": 400000
  },
  "min_salary": {
```

```
    "value": 350000
  }
}
```

● sum

sum は、数値型データのフィールドにおける合計値を計算します。クエリとレスポンスの例は avg や min、max と同様なため省略します。

● cardinality

cardinality は、あるフィールドにおける**カージナリティ**、つまり、フィールドに格納されている値の種類の数を概算値で計算します。フィールドに格納する値の種類によって、カージナリティは異なります。たとえば、カレンダーの月を表すフィールドを指定した場合、カージナリティの値は 12 になるでしょうし、都道府県を表すフィールドのカージナリティの値は 47 になるでしょう。

カージナリティの値は、もっとずっと大きくなるケースもあります。例として Web サイトへアクセスしたユーザ名を表すフィールドを用いて、ユニークユーザ数を求める場合などが考えられます。この場合、完全に正確な値を求めようとするとメモリリソースなどを大量に必要とするため、Elasticsearch では HyperLogLog++と呼ばれるハッシュ値を用いたアルゴリズムを使って、概算値が計算されるようになっています。

Operation 4-21 cardinality Metics のクエリ記法の例

```
$ curl -XGET 'http://localhost:9200/access_log/_search' \
-H 'Content-Type: application/json' -d'
{
  "size": 0,
  "aggs": {
    "unique_user": {
      "cardinality": {
        "field": "user_name.keyword"
      }
    }
  }
}
'
```

Operation 4-22　cardinality Metics のクエリレスポンスの例

```
"aggregations": {
  "unique_user": {
    "value": 724
  }
}
```

● stats

stats は少し特殊な Metrics です。これまでの他の Metrics は単一の値を返しましたが、stats は 1 回のクエリで、複数の統計値をまとめて返します。Operation 4-23、Operation 4-24 が stats の利用例ですが、count、min、max、avg、sum の統計値がまとめて返されることがわかります。

Operation 4-23　stats Metics のクエリ記法の例

```
$ curl -XGET 'http://localhost:9200/employee/_search' \
-H 'Content-Type: application/json' -d'
{
  "size": 0,
  "aggs": {
    "my_stats_exmample": {
      "stats": {
        "field": "salary"
      }
    }
  }
}
'
```

Operation 4-24　stats Metics のクエリレスポンスの例

```
"aggregations": {
  "my_stats_example": {
    "count": 45,
    "min": 245000,
    "max": 864000,
    "avg": 458911.242685811004,
```

```
    "sum": 20651000
  }
}
```

4-2-4 Bucketsの定義方法

Bucketsは、あるフィールドの値に基づいて、ドキュメント群をグループに分類する方法を定義します。ここでは、よく使われる分類方法について具体的な定義方法を説明します。

なお、以下のBucketsのクエリの例では、Bucketsの機能をまず理解することを優先するために、Metricsと組み合わせることはせずに、Bucketsのみを定義することとします。Bucketsのみを定義した場合でも、doc_countの値は取得できます。

● terms

termsは、Bucketsタイプの中でも最もよく使われるタイプの1つです。指定したフィールドが持つ一意な値ごとに、Bucketsが作られてドキュメントが分類されます。たとえば、書籍のジャンルを表す"genre"フィールドの値に対応したBucketsを定義するAggregationは、Operation 4-25のようなクエリで構成できます。

Operation 4-25　terms Bucketsのクエリ記法の例

```
$ curl -XGET 'http://localhost:9200/books/_search' \
-H 'Content-Type: application/json' -d'
{
  "size": 0,
  "aggs": {
    "my_genre_buckets": {
      "terms": {
        "field": "genre.keyword",
        "size": 3
      }
    }
  }
}
'
```

このクエリの実行結果として、分類されたBucketsごとに、フィールド値を表す"key"と、ヒットしたドキュメント数を表す"doc_count"が出力されます。この例の場合、"politics"つまり政治ジャンルの書籍が2650冊で最も多いことがわかります。レスポンスで返されるBuckets数の上限は"size"パラメータで指定ができます。この例では3を指定しているので、冊数の多い上位3ジャンルまでが出力されています。デフォルト値は10となります。

Operation 4-26　terms Buckets のクエリレスポンスの例

```
"aggregations": {
  "my_genre_buckets": {
  "doc_count_error_upper_bound": 0,
  "sum_other_doc_count": 0,
  "buckets": [
    {
      "key": "politics",
      "doc_count": 2650
    },
    {
      "key": "science",
      "doc_count": 2145
    },
    {
      "key": "computer",
      "doc_count": 1921
    }
  ]
  }
}
```

● range

rangeは、数値型のフィールドに対して、値の範囲でBucketsを分類する機能です。指定したフィールド値の範囲にしたがってBucketsにドキュメントが分類されます。例として、書籍の値段を表す"price"フィールドの値の範囲に対応したBucketsを構成するAggregationの定義方法を示します。なお、rangeを指定する場合は、"field"句とともに"ranges"句を指定して値の範囲を指定してください†。

† range Buckets の範囲指定では"from"句は「以上」、"to"句は「未満」という扱いとなります。ここでは2000円の書籍は「"from":2000, "to":3000」のBucketsにカウントされます。

Operation 4-27　range Buckets のクエリ記法の例

```
$ curl -XGET 'http://localhost:9200/books/_search' \
-H 'Content-Type: application/json' -d'
{
  "size": 0,
  "aggs": {
    "my_price_buckets": {
      "range": {
        "field": "price",
        "ranges": [
          {
            "to": 1000
          },
          {
            "from": 1000,
            "to": 2000
          },
          {
            "from": 2000,
            "to": 3000
          },
          {
            "from" : 3000
          }
        ]
      }
    }
  }
}
'
```

このクエリの実行結果として、指定した値の範囲に対応する Buckets ごとに`"doc_count"`が出力されます。このクエリの結果として、2000 円から 3000 円の価格帯の書籍数が 3810 冊と最も多いことがわかりました。

Operation 4-28　range Buckets のクエリレスポンスの例

```
"aggregations": {
  "my_price_buckets": {
    "buckets": [
      {
```

```
        "key": "*-1000.0",
        "to": 1000,
        "doc_count": 681
      },
      {
        "key": "1000.0-2000.0",
        "from": 1000,
        "to": 2000,
        "doc_count": 2145
      },
      {
        "key": "2000.0-3000.0",
        "from": 2000,
        "to": 3000,
        "doc_count": 3810
      },
      {
        "key": "3000.0-*",
        "from": 3000,
        "doc_count": 1280
      }
    ]
  }
}
```

Column　テキストフィールドを Aggregation したいとき

テキスト文字列をフィールドに格納するためのデータ型として text 型と keyword 型の 2 種類がありますが、Aggregation に使えるのは原則的に keyword 型のみとなります。その理由は、text 型は Analyzer で単語に分割されてしまい、元の語句が保持されないためです。たとえば、米国の州名を格納する"state"というフィールドを text 型で定義したとします。このとき、"New York"や"New Jersey"などの空白を含む州名は Analyzer によって"new"と"york"のように分割（および小文字変換）が行われます。Buckets を構成する際にも"new"の Buckets や"york"の Buckets が作られてしまいますが、これでは正しい分類ができないことがおわかりかと思います。

● date_range

range とよく似た Buckets として date_range というものもあります。違いは、range が数値型を扱うのに対して、date_range は日付型のフィールドをもとに分類する点です。例として、書籍の発売日を表す"published"フィールドの値の範囲に対応した Buckets を構成する Aggregation の定義方法を示します。date_range の"from"句、"to"句には時刻を表す特殊表現を使うことができます。これは「3-3-3 クエリ DSL の種類」の Range クエリで紹介したものと同じものですが、あらためて表で示します。

Table 4-1　date range Buckets の日付計算式で利用可能な表現

記号	意味
Now	現在時刻
y	年
M	月
w	週
d	日
h または H	時間
m	分
s	秒

Operation 4-29　date_range Buckets のクエリ記法の例

```
$ curl -XGET 'http://localhost:9200/books/_search' \
-H 'Content-Type: application/json' -d'
{
  "size": 0,
  "aggs": {
    "my_published_buckets": {
      "date_range": {
        "field": "published",
        "ranges": [
          {
            "from": "Now-1y",
            "to": "Now-1M"
          },
          {
            "from": "Now-1M",
            "to": "Now"
          }
        ]
      }
    }
  }
```

```
}
'
```

● histogram

histogram は、range と同様に、数値型のフィールドに対して値の範囲で Buckets を分類しますが、範囲を直接指定するのではなく、増分値（interval）を指定します。先ほどと同じ書籍の値段による分類の例を、histogram を使って Aggregation クエリを構成してみます。

Operation 4-30　histogram Buckets のクエリ記法の例

```
$ curl -XGET 'http://localhost:9200/books/_search' \
-H 'Content-Type: application/json' -d'
{
  "size": 0,
  "aggs": {
    "my_price_histogram_buckets": {
      "histogram": {
        "field": "price",
        "interval": 1000
      }
    }
  }
}
'
```

これに対してクエリレスポンスでは、指定した増分値ごとの doc_count が返されます。

Operation 4-31　histogram Buckets のクエリレスポンスの例

```
"aggregations": {
  "my_price_histogram_buckets": {
  "buckets": [
    {
      "key": "0",
      "doc_count": 681
    },
    {
      "key": "1000",
```

```
        "doc_count": 2145
      },
      {
        "key": "2000",
        "doc_count": 3810
      },
      {
        "key": "3000",
        "doc_count": 1280
      },
      ...
    ]
  }
}
```

Column　転置インデックスと doc values

Elasticsearch の内部的な実装として、keyword 型や他の数値型をインデックスに格納する際には、これまで説明してきた転置インデックスとは別に、「doc values」と呼ばれるデータ構造にフィールド単位で格納、管理されます。Aggregation やソートを実行する際は、転置インデックスではなく、この doc values を参照することで高速な処理が実現できるようになっています。なお、doc values のように、フィールド・列単位でデータを格納することで圧縮率や検索効率を向上する仕組みやデータストアを指して、一般に「列指向ストレージ」と呼ぶことがあります。

4-2-5　Metrics と Buckets の組み合わせ

これまでの例では、Metrics、Buckets それぞれを単独で使ってきましたが、これらを組み合わせることでより柔軟な使い方が可能となります。Figure 4-6 の例でも書籍のジャンルごとに分類（Buckets）をして、そのグループごとの平均価格を計算（Metrics）していました。これを実現するためには、次のように、まずジャンルごとに terms Buckets を構成して、その Bucket ごとに avg Metrics を定義します。Operation 4-32 を見ると、terms Buckets（"my_genre_buckets"）の一段下の階層に avg Metrics（"my_price_avg"）が構成されている様子がわかります。

Operation 4-32　terms Buckets と avg Metrics を組み合わせたクエリ記法の例

```
$ curl -XGET 'http://localhost:9200/books/_search' \
-H 'Content-Type: application/json' -d'
{
  "size": 0,
  "aggs": {
    "my_genre_buckets": {
      "terms": { "field": "genre.keyword" },
      "aggs": {
        "my_price_avg": {
          "avg": { "field": "price" }
        }
      }
    }
  }
}
'
```

このクエリを実行した結果、Operation 4-33 のように、ジャンルごとの Buckets がまず作られ、Buckets ごとに平均価格が計算されます。

Operation 4-33　terms Buckets と avg Metrics を組み合わせたクエリのレスポンスの例

```
"aggregations": {
  "my_genre_buckets": {
    "doc_count_error_upper_bound": 0,
    "sum_other_doc_count": 0,
    "buckets": [
      {
        "key": "business",
        "doc_count": 205,
        "my_price_avg": {
          "value": 3400.0
        }
      },
      {
        "key": "computer",
        "doc_count': 148,
        "my_price_avg": {
          "value": 3200.0
        }
      },
```

```
        ...
      ]
    }
  }
```

4-2-6　複数の Buckets の組み合わせ

Buckets を複数構成すれば、ネスト構造をとることも可能です。この場合、上位の Buckets に対して、さらに別のタイプの Buckets でサブグループを構成します（Figure 4-7）。

Figure 4-7　複数の Buckets の構成

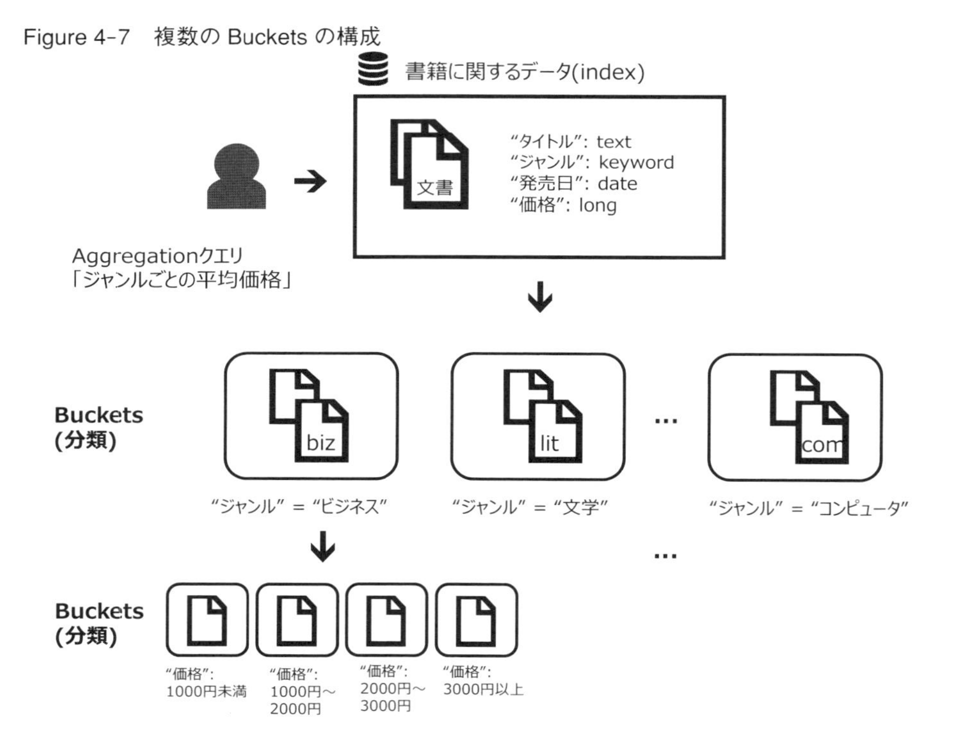

Operation 4-34 のクエリの例では、まずジャンルごとの Buckets を構成して、その中でさらに価格帯ごとのサブ Buckets を構成しています。

Operation 4-34 terms Buckets の中に range Buckets を構成してネスト構造を定義するクエリ記法の例

```
$ curl -XGET 'http://localhost:9200/books/_search' \
-H 'Content-Type: application/json' -d'
{
  "size": 0,
  "aggs": {
    "my_genre_buckets": {
      "terms": { "field": "genre.keyword" },
      "aggs": {
        "my_price_buckets": {
          "range": {
            "field": "price",
            "ranges": [
              { "to": 1000 },
              { "from": 1000, "to": 2000 },
              { "from": 2000, "to": 3000 },
              { "from" : 3000 }
            ]
          }
        }
      }
    }
  }
}
'
```

4-2-7 significant terms

最後に少し特殊な Aggregation として、significant terms という機能を紹介します。

significant terms はある語句（term）の傾向として、全体的に見ると目立たないけれど、特定の範囲の中で見ると突出して目立つ、といった興味深い特徴を探すことができる aggregation のタイプです。

例として、日本の都道府県別の自動車の新車販売台数を、メーカー別に記録しているデータがあるとしましょう（架空のデータです）。メーカー別のシェアをクエリで確認した結果、トヨタが45%、ホンダが 14%、日産が 12%、マツダが 5%ということがわかったとします。次に、都道府県別のメーカー別シェアを調べた結果、広島県でのマツダのシェアは 11%であり、全体シェアの5%と比較して突出して大きい数字であることがわかったとします。

こういった気付きを得るために、significant terms クエリが役に立ちます。

Note 新車販売台数のデータ

全体の新車販売台数は 2017 年の統計データを参考にしています。しかし、都道府県別の統計データが入手できなかったため、広島県のシェアが 11%かどうかは確認できておりません。わかりやすさを優先するための若干恣意的な仮定をしている点はご了承ください。

Operation 4-35 significant terms クエリ記法の例

```
$ curl -XGET 'http://localhost:9200/cars/_search' \
-H 'Content-Type: application/json' -d'
{
  "size":0,
    "aggs" : {
      "prefecture_terms":{
        "terms": {
          "field": "prefecture"
        },
        "aggs":{
          "market_share_of_cars_manufacturers" : {
            "significant_terms" : {
              "field" : "manufacturers"
            }
          }
        }
      }
  }
}
```

ここでは、ドキュメントとして 1 台の新車販売登録データに対して、販売された都道府県（"prefecture"）および製造メーカー（"manufacturer"）のデータが与えられているとします。そこで significant terms クエリとして都道府県別にメーカーシェアを見てみたところ、広島県のデータに興味深い結果が確認できる、という例を示しています。

Operation 4-36 の結果は広島県の情報だけを抽出していますが各都道府県別にこのようなデータが取得されます。"buckets"の配列の中に"score"という値がある点に注意してください。"score"はこの Bucket（広島県）の中においてどれくらい突出しているかを表す数字となり、マツダが最も高いスコアとなっています。トヨタの方が販売台数は多いにかかわらずマツダのスコアが高いということは、全国平均と比較して広島県でのシェアが目立って高いということを表しています。significant terms クエリを使うことで、このような分析も可能となります。

Operation 4-36　significant terms クエリレスポンスの例

```
...
"key": "Hiroshima",
"doc_count": 58012,
"market_share_of_cars_manufacturers": {
  "doc_count": 58012,
  "buckets": [
  {
    "key": "Mazda",
    "doc_count": 6356,
    "score": 2.4349635796045783
  },
  {
    "key": "Toyota",
    "doc_count": 22810,
    "score": 1.616970870612663
  },
  {
    "key": "Honda",
    "doc_count": 6412,
    "score": 1.424570126334247,
  },
  ...
}
...
```

他に応用できそうな例をいくつかあげますと、EC サイトである品物を買った人に限って別の品物をよく買うという行動（よくある「**ビールを買った人がオムツも買う**」という気付き）をクエリで見つける、または、アクセスログから特定のユーザがある URL に突出して頻繁にアクセスすることを見つける、いわゆる不正アクセスを検知をクエリで実装する、などというような使い方が考えられます。

significant terms の詳しい仕組みについては Elastic 社のサイトでも紹介されており参考になりますので、興味があればぜひ一読してみてください[*2]。

＊2　https://www.elastic.co/guide/en/elasticsearch/reference/current/search-aggregations-bucket-significantterms-aggregation.html

本節では、分類と集計を行う Aggregation の機能を紹介しました。Aggregation は単なるドキュメントの全文検索とは違い、格納されたデータから統計量を分析するためのクエリです。さらに、Elasticsearch では、通常の全文検索と分析を行う Aggregation を 1 つのクエリでまとめて実行することができる点が大きな特徴です。

非常に高いスケーラビリティを持つ Elasticsearch だからこそ、増え続けるデータからいかに価値のある分析を行うかという点も非常に重要であると言えるでしょう。Aggregation を上手に活用して、膨大なデータから新しい気付きを得られるような分析を行ってみましょう。

4-3 スクリプティング

Elasticsearch の柔軟で強力な機能の一つに、**スクリプティング**があります。スクリプティングを使ってユーザ独自のロジックを実装することで、スコアの計算、データのフィルタや分析、ドキュメントの部分的な更新を実行することができます。スクリプティングの実行処理は、通常のインデックス格納や検索と比較して重い処理となるため、スクリプティングの使用が常に最適というわけではありませんが、非常に便利なユースケースもあるため、使い方を知っておくと役に立つでしょう。

Elasticsearch ではいくつかのスクリプティング言語がサポートされていますが、Elasticsearch 5.0 からは、デフォルトのスクリプティング言語として Painless が使われるようになりました。Painless は、Elasticsearch で使われるためにまったく新しく設計された言語で、高い安全性と Groovy に似た理解しやすい言語記述を特徴としています。本節では、デフォルトで使われる Painless 言語について、スクリプトを記載する方法や活用例を紹介します。

4-3-1 スクリプティングの記載方法

Painless に限らず他の言語でも共通ですが、Elasticsearch でスクリプティングを定義する場合は、次のようなコードブロックを記載します。

Code 4-3 スクリプティングの定義方法

```
"script": {
  "lang": "...",
  "source | id": "...",
  "params": { ... }
}
```

"lang"にはスクリプティング言語を指定します。デフォルト値は"painless"です。"source"あるいは"id"に実際の処理を行うコードを記述します。"source"の場合は直接コードを記述しますが、"id"は事前にコードを登録しておいてそのコードのidを指定するために指定できます。"params"はコードで使う変数をコードとは別に定義するために利用します。

4-3-2　Painlessスクリプティングの活用例

スクリプティングが利用できるユースケースは、非常に多岐にわたります。ここでは代表的な利用方法を、Painlessスクリプティングを使った例として紹介します。

本書では、スクリプティングやPainless言語の厳密な仕様、機能をすべて紹介することはできませんが、スクリプティングを使うとどのようなことができるのか、という点を知っていただければと思います。

- フィールドの上書き更新を行う
- 条件を満たすドキュメントの特定フィールドのみを一度に上書き更新する
- 古いインデックスに含まれるフィールドをすべて更新して新しいインデックスを再作成する

■フィールドの上書き更新

まずはフィールドの上書き更新を行う例です。ここでは、IDが1のドキュメントに対してpriceフィールドの値を150で登録した後、200に上書き更新してみます。

"source"句の"ctx._source.price"という書き方は、元のドキュメントの"price"フィールドの内容を取得するシンタックスとなっており、これを"params"句で定義した"new_price"変数の値200で代入するという処理が実行されます。

Operation 4-37　特定のフィールドを上書き更新する例

```
$ curl -XPUT 'http://localhost:9200/painless_test/my_type/1' \
-H 'Content-Type: application/json' -d'
{
    "item": "apple",
    "type": "fruit",
    "price": 150
}
```

```
'
$ curl -XPOST 'http://localhost:9200/painless_test/my_type/1/_update' \
-H 'Content-Type: application/json' -d'
{
  "script": {
    "lang": "painless",
    "source": "ctx._source.price = params.new_price",
    "params": {
      "new_price": 200
    }
  }
}
'
```

■特定のフィールドのみを一度に上書き更新する例

次に、クエリ条件にヒットするドキュメントに対して、特定のフィールドのみを一度に上書き更新する例を示します。ここでは Term クエリを実行することで、クエリにヒットする複数のドキュメントのすべてが更新対象となります。そしてクエリにヒットしたドキュメントの特定のフィールドをまとめて上書き更新するスクリプティングを実行しています。

以下のコードを実行すると、"type"が"fruit"のドキュメントすべてを対象として、"price"が100 だけ増分した値が上書き更新されます。

なお、ヒット件数が数百万件など膨大になる場合は処理完了まで多くの時間がかかるため、事前に件数の目安については確認しておくのがよいでしょう。

Operation 4-38　クエリ条件にヒットするフィールドを一度に上書き更新する例

```
$ curl -XPOST 'http://localhost:9200/painless_test2/my_type/' \
-H 'Content-Type: application/json' -d'
{
    "item": "apple",
    "type": "fruit",
    "price": 150
}
'
$ curl -XPOST 'http://localhost:9200/painless_test2/my_type/' \
-H 'Content-Type: application/json' -d'
```

```
{
    "item": "orange",
    "type": "fruit",
    "price": 200
}
'
$ curl -XPOST 'http://localhost:9200/painless_test2/my_type/' \
-H 'Content-Type: application/json' -d'
{
    "item": "milk",
    "type": "drink",
    "price": 250
}
'
$ curl -XPOST 'http://localhost:9200/painless_test2/my_type/_update_by_query' \
-H 'Content-Type: application/json' -d'
{
  "query": {
    "term": {
      "type.keyword": {
        "value": "fruit"
      }
    }
  },
  "script": {
    "lang": "painless",
    "source": "ctx._source.price += params.price_raise",
    "params": {
      "price_raise": 100
    }
  }
}
'
```

■インデックスに含まれるフィールドをすべて更新する操作

最後に、インデックスに含まれるフィールドをすべて更新する操作を reindex と呼ばれるインデックス再作成操作と合わせて行う方法を紹介します。reindex は、この後の第 5 章で詳しく紹介しますが、インデックスのマッピングや設定が変更された場合に、既存のインデックスに含まれるデータをコピーして、新規にインデックスを作り直す際に用いられる機能です。ここではその reindex 操作の際に、特定のフィールド更新もあわせて行おう、という例となります。

Operation 4-39 インデックス再作成と合わせてフィールドの更新を行う例

```
$ curl -XPOST 'http://localhost:9200/_reindex' \
-H 'Content-Type: application/json' -d'
{
  "source": {
    "index": "painless_test_old"
  },
  "dest": {
    "index": "painless_test_new"
  },
  "script": {
    "lang": "painless",
    "source": "ctx._source.price = params.price_raise",
    "params": {
      "price_raise": 100
    }
  }
}
'
```

ここではスクリプティングのユースケースの一例として、ドキュメントのフィールド更新を中心に紹介しました。それ以外のユースケースとして、検索結果のスコアをスクリプティングで記述したロジックによって独自にカスタマイズさせることや、データのフィルタリング処理など、便利な利用方法は数多くあります。また、Painless 言語は if-else 条件文、for/while ループ制御文などを用いてより複雑なロジックを記述することもできます。

4-4 まとめ

本章では、Elasticsearch の応用的な機能として、Analyzer と Aggregation、スクリプティングの概要・仕組みを解説しました。Analyzer をうまく活用することで全文検索の精度を高めることが可能ですし、Aggregation の機能を使うことで Elasticsearch を単なる検索システムとしてだけではなく、データから気付きを得るための分析システムとしても使えることがわかっていただけたかと思います。また、スクリプティングの機能はスコアの計算、データのフィルタ、ドキュメントの部分的な更新など、Elasticsearch をより柔軟で強力に使いこなすためには非常に有用なので、ぜひ使い方をマスターしておくとよいでしょう。

これらの機能は幅広い使い方が可能であり、より詳しい情報が必要な場合は、Elasticsearch のドキュメントサイトから有用な情報が得られます。本章ではこれらの機能の概要を紹介したに過ぎませんが、これらの機能がなぜ必要なのか、これらの機能を使ってどのようなことができるようになるか、という点を理解していただくことに焦点を当てて解説を行いました。

次の第5章ではいよいよ Elasticsearch を現場で導入、運用するために知っておくべき確認項目、Tips を紹介していきます。

Column　クラウド上で Elasticsearch をすぐに試せる ElasticCloud

本書では主に、お手元の環境で Elasticsearch を導入して、運用管理するための内容を扱っていますが、パブリッククラウド上にマネージドサービスとして Elasticsearch クラスタをデプロイ・管理してくれるサービスもあります。

その 1 つに Elastic 社が提供する ElasticCloud があります。これは、AWS と GCP の 2 つのクラウド上でホスティングされるサービスで、ユーザはブラウザ上から、クラウドの種類（AWS あるいは GCP)、リージョン、クラスタのサイズ（メモリ、ディスク)、Elasticsearch のバージョンや追加プラグインの選択をするだけで、すぐにクラスタ環境が準備されて利用することができます。

クラスタには、Elasticsearch、Kibana、X-Pack があらかじめ構成されています。クラスタ管理やアップグレード操作もすべてブラウザから行える点、バックアップなどの運用管理も自動で行ってくれる点、Elastic 社によるサポートが受けられる点が大きな特徴と言えます。トライアルで 14 日間は無料で試すこともできますので、ぜひ一度触ってみてはいかがでしょうか。

●ElasticCloud

https://www.elastic.co/jp/cloud

Figure 4-8　ElasticCloud のクラスタ作成画面（トライアル利用）

第5章
システム運用とクラスタの管理

第4章まで、Elasticsearchの概要や導入方法、さまざまな利用方法、操作について基本的な説明をしてきました。第5章ではさらに実践的な内容として、Elasticsearchを運用する際に押さえておくべき内容をまとめて紹介します。

Elasticsearchを本格的に活用する際には、検索や分析といった機能要件だけにとどまらず、運用管理の観点で考慮しておくべき点がいくつかあります。本章の内容を参考にしてぜひ運用面でも安心してElasticsearchが使いこなせるようになっていただけたらと思います。

5-1 運用監視と設定変更

Elasticsearch を通常の業務で利用する場合、稼働中の状態を常に正しく把握しておくことは重要な運用タスクです。稼働状態を確認した結果として、問題への対処あるいは改善という形でなんらかの対応が必要になることもあります。

本節では、Elasticsearch を日常的に運用する際に確認、監視しておくべき主要な項目について紹介します。また、適宜設定を変更する際の方法についても説明します。

5-1-1 動作状況の確認

まずは、Elasticsearch の現在の稼働状況を確認する方法についてみていきましょう。動作状況を確認する方法は、以下のようにいくつか提供されています。管理者はこの中から適切な方法を選択して、クラスタ全体、ノード、もしくはインデックスやシャードなどの状態を把握し、問題がある際には迅速に対応をとることが重要です。

●_cat API を利用した動作確認
●クラスタ API を利用した動作確認
●X-pack Monitoring 機能を利用した動作確認
●Elasticsearch の出力するログの確認

以降では、それぞれの方法について、使い方および確認できる項目について説明します。

■_cat API を利用した動作確認

Elasticsearch は、インデックス登録もクエリも、基本的に JSON フォーマットで記述するという特徴があることは、これまでに説明してきたとおりです。稼働状況の確認についても、基本的には JSON フォーマットで出力されますが、人間が容易にコマンドラインからでも確認しやすいように、JSON 以外のフォーマットで出力する機能も備えています。この出力インターフェースを「_cat API」と呼びます。_cat API を使うと、UNIX/Linux コマンド出力のようなフォーマットで出力させることが可能です。

_cat API へのアクセスを行うためには、API エンドポイントに"_cat/< 確認項目名 >"を指定して GET メソッドを実行します。

Operation 5-1　_cat API による状態確認および出力結果の例

```
$ curl -XGET 'http://localhost:9200/_cat/health?v'
epoch      timestamp cluster       status node.total node.data shards pri ...
1518934697 15:18:17  elasticsearch yellow          1         1      5   5 ...
```

上記の例では"_cat/health"というエンドポイントにアクセスして、クラスタ稼働状況を確認しました。この出力結果より"elasticsearch"という名前のクラスタが"yellow"ステータスとなっており、1台のノード、5つのシャードを保持していることなどがわかります。_cat APIの出力は、人間が確認するにも見やすく、出力をパイプで別のコマンドへ入力する、もしくは、監視サーバへ連携することなども容易となります。

なお、上記の環境でクラスタのstatusがyellowになっている点について補足しておきます。ここでは簡易的な環境として1ノード構成のクラスタを動かしています。その上で、1つだけインデックスを作成した直後の状態を、_cat APIで確認しました。

この際に第2章で見たように、1つのインデックスに対してデフォルトで5つのシャード、および、それぞれに対してレプリカが1つずつ作成されます。しかし、この環境では1ノード構成のために、レプリカをホストできるノードが他にありませんでした。このため、プライマリシャードのみ配置され、レプリカシャードが（まだ）配置されていないという状態となっています。Elasticsearchではこの状態を"yellow"と判定します。状態の定義は以下のとおり"green"と"yellow"と"red"の3種類があります。

- green：インデックスのすべてのプライマリシャード、レプリカシャードが配置されている状態
- yellow：プライマリシャードはすべて配置されているが、配置できていないレプリカシャードがある状態
- red：配置できていないプライマリシャードがある状態†

この状態は、インデックスごとに定義されます。もしも、あるクラスタにおけるすべてのインデックス状態がgreenであればそのクラスタ状態もgreenと判定されます。

† ステータスがredであってもクラスタは部分的に機能します。このときは、利用可能なシャードに対してのみ検索が可能です。とはいえ、一部のデータは利用不可の状態ですので、迅速な復旧が必要です。

Tips _cat API の出力をカスタマイズする

_cat API の出力は、基本的には取得した値のみを表示するのですが、ヘッダ情報がないと出力された値がどのカラムなのかがわからないこともあるかと思います。その際に"?v"というオプションを付加することで、カラムヘッダも含めて表示できます。

Operation 5-2 _cat API における"?v"オプションの有無の違い

```
$ curl -XGET 'http://localhost:9200/_cat/health'
1518934697 15:18:17  elasticsearch yellow          1         1      5   5    0  ...
$ curl -XGET 'http://localhost:9200/_cat/health?v'
epoch      timestamp cluster       status node.total node.data shards pri relo  ...
1518934697 15:18:17  elasticsearch yellow          1         1      5   5    0  ...
```

他にも便利なオプションがいくつかあります。よく利用されるものを 3 つ紹介します。

- h=< カラム名 1>,< カラム名 2>,,,
  指定したカラムのみを出力します。

- bytes=<b|kb|mb|gb|tb|pb>
  出力に含まれるサイズ表記を上記で指定した単位（Byte、KB、MB、GB、TB、PB）に揃えます。

- s=< カラム名 >[:desc]
  指定したカラム名でソートを行います。":desc"を付加すると降順でのソートとなります。

_cat API の例としてもう 1 つ、インデックスの状態を確認する"_cat/indices"を紹介します。

Operation 5-3 インデックス状態を確認する_cat API の実行例

```
$ curl -XGET 'http://localhost:9200/_cat/indices?v&bytes=mb'
health status index                         uuid                   pri rep docs.count ...
yellow open   nyc-taxi-yellow-2016.11.01 TFyKk-14QB2DYznHqHAshQ   5   1     256235 ...
yellow open   nyc-taxi-yellow-2016.11.02 t7z5AMwXQxKCJfI24t5w1A   5   1      99189 ...
```

出力結果からは、インデックス名、health 状態、ステータス、シャード数、ドキュメント数やサイズの情報が確認できます。特に health 状態やドキュメント数を知りたい場合によく利用される便利なコマンドです。

他にも_cat API で確認できる項目について、Table 5-1 にまとめておきます。ぜひお手元の環境でも実行し、出力結果を確認していただければと思います。公式ドキュメントにも各 API の説明があるので参考にしてください[*1]。

Table 5-1　_cat API の一覧

名前	API エンドポイント	出力内容
Aliases	_cat/aliases	インデックスエイリアスの状態
Allocation	_cat/allocation	シャードの割り当て状況
Count	_cat/count	クラスタ全体あるいは特定のインデックスでのドキュメント数
Fielddata	_cat/fielddata	fielddata 用に使用されているヒープメモリ量
Health	_cat/health	クラスタの health 状態 (_cluster/health と同内容)
Indices	_cat/indices	インデックスの状態
Master	_cat/master	マスタノードの ID および IP アドレス
Nodes	_cat/nodes	ノードの状態（IP、ID、役割、リソース状態）
NodeAttr	_cat/nodeattr	ノード属性（オプションで付与できる）の表示
Pending Tasks	_cat/pending_tasks	未処理のタスク情報
Recovery	_cat/recovery	シャードリカバリの実行状況
Repositories	_cat/repositries	スナップショットリポジトリの配置先
Thread Pool	_cat/thread_pool	スレッドプールの動作統計情報
Shards	_cat/shards	シャードの状態、格納ノード/インデックス名、統計情報
Segments	_cat/segments	Lucene セグメントレベルでの統計情報
Snapshots	_cat/snapshots	スナップショットの状態
Templates	_cat/templates	テンプレートの状態

■クラスタ API を利用した動作確認

_cat API は比較的簡易な状態確認の目的で使われることが多いのですが、クラスタ API はより詳細な状態を取得するために使うことができます。**クラスタ API** は JSON フォーマットで出力され、出力項目も_cat API より詳細で数が多くなっています。クラスタ API の種類も多いため、参考としてよく利用される API 4 つを実行例とあわせて説明し、残りの API については一覧表（Table

*1　https://www.elastic.co/guide/en/elasticsearch/reference/current/cat.html

5-2）にまとめて紹介します。

○クラスタ状態（サマリ）："_cluster/health"

"_cluster/health"エンドポイントは、クラスタ状態のサマリを出力します。Elasticsearch を運用する上では非常によく使うクラスタ API の一つです。

Operation 5-4 "_cluster/health"の実行コマンドおよび出力例

```
$ curl -XGET 'http://localhost:9200/_cluster/health?pretty'
{
  "cluster_name" : "elasticsearch",
  "status" : "yellow",
  "timed_out" : false,
  "number_of_nodes" : 1,
  "number_of_data_nodes" : 1,
  "active_primary_shards" : 5,
  "active_shards" : 5,
  "relocating_shards" : 0,
  "initializing_shards" : 0,
  "unassigned_shards" : 5,
  "delayed_unassigned_shards" : 0,
  "number_of_pending_tasks" : 0,
  "number_of_in_flight_fetch" : 0,
  "task_max_waiting_in_queue_millis" : 0,
  "active_shards_percent_as_number" : 50.0
}
```

○クラスタ状態（詳細）："_cluster/state"

こちらは詳細なクラスタ状態を表示する API です。クラスタ全体の完全な情報が出力されます。

Operation 5-5 "_cluster/state"の実行コマンドおよび出力例

```
$ curl -XGET 'http://localhost:9200/_cluster/state?pretty'
{
  "cluster_name": "elasticsearch",
  "compressed_size_in_bytes": 791,
  "version": 27,
  "state_uuid": "ENnHZ3f7TSy7la58auLzxg",
```

```
  "master_node": "DeQbDmdFQ3GB_hRUmwYWLw",
  "blocks": {},
  "nodes": {
    "DeQbDmdFQ3GB_hRUmwYWLw": {
      "name": "DeQbDmd",
      "ephemeral_id": "KyFyb0SJTyaEkyjd6qex6Q",
      "transport_address": "127.0.0.1:9300",
      "attributes": {}
    }
  },
...
  "snapshots": {
    "snapshots": []
  }
}
```

○ノード状態："_nodes"

各ノードの状態を表示するAPIです。デフォルトでは全ノードの情報が出力されますが、"_nodes/<ノード名>"のようにノード名を付加すると特定のノード情報を確認できます。

Operation 5-6 "_nodes"の実行コマンドおよび出力例

```
$ curl -XGET 'http://localhost:9200/_nodes?pretty'
{
  "_nodes": {
    "total": 1,
    "successful": 1,
    "failed": 0
  },
  "cluster_name": "elasticsearch",
  "nodes": {
    "DeQbDmdFQ3GB_hRUmwYWLw": {
      "name": "DeQbDmd",
      "transport_address": "127.0.0.1:9300",
      "host": "127.0.0.1",
      "ip": "127.0.0.1",
      "version": "6.2.1",
      "build_hash": "7299dc3",
      "total_indexing_buffer": 105630924,
      "roles": [
```

```
          "master",
          "data",
          "ingest"
        ],
...
```

○ノード の統計情報："_nodes/stats"

各ノードの詳細な統計情報を表示する API です。こちらもデフォルトで全ノードの情報が出力され、"_nodes/<ノード名>/stats"のようにノード名を付加すると特定のノード情報を確認できます。

こちらの情報では、OS レベルで CPU/memory の利用量、JVM ヒープ情報や GC 統計情報、ファイルディスクリプタの数、スレッドプールの状態、ファイルシステムの利用状況などの細かい情報がすべて取得できます。このため、運用監視で利用するために非常に有用な API と言えるでしょう。

Operation 5-7 "_nodes/stats"の実行コマンドおよび出力例

```
$ curl -XGET 'http://localhost:9200/_nodes/stats?pretty'
{
  "_nodes": {
    "total": 1,
    "successful": 1,
    "failed": 0
  },
  "cluster_name": "elasticsearch",
  "nodes": {
    "DeQbDmdFQ3GB_hRUmwYWLw": {
      "timestamp": 1518940339539,
      "name": "DeQbDmd",
...
      "os": {
        "timestamp": 1518940339550,
        "cpu": {
          "percent": 1,
          "load_average": {
            "1m": 0,
            "5m": 0.01,
            "15m": 0.05
```

```
        }
      },
      "mem": {
        "total_in_bytes": 3975868416,
        "free_in_bytes": 1003008000,
        "used_in_bytes": 2972860416,
        "free_percent": 25,
        "used_percent": 75
      },
...
```

クラスタ API で確認できる項目一覧について、Table 5-2 にまとめておきます。注意点として、クラスタ API のうち、Cluster Reroute と Cluster Update Setting の 2 つについてはクラスタ状態を変更する、いわゆる更新系 API になります。_cat API はすべて参照系 API でしたが、この点だけ留意してください。クラスタ API についても公式ドキュメントサイトにて詳細な説明が行われていますので適宜参考にしてください[*2]。

Table 5-2　クラスタ API の一覧

名前	API エンドポイント	出力内容
Cluster Health	_cluster/health	簡易なクラスタ状態の確認
Cluster State	_cluster/state	詳細なクラスタ状態の確認
Cluster Stats	_cluster/stats	クラスタの詳細な利用統計情報
Pending Cluster Tasks	_cluster/pending_tasks	インデックス作成などのクラスタ状態変更タスクの実行待ち状態
Cluster Reroute	_cluster/reroute	シャード割り当ての変更 (POST メソッドで変更を受け付ける)
Cluster Update Settings	_cluster/settings	クラスタ設定変更 (PUT メソッドで変更を受け付ける)
Node Stats	_nodes/stats	ノードの統計情報の確認
Node Info	_nodes	ノード情報の確認
Node Usage	_nodes/usage	REST コマンドの実行回数などの情報の確認
Remote Cluster Info	_remote/info	リモートクラスタの情報
Node hot_threads	_nodes/hot_threads	Hot スレッド情報の確認
Cluster Allocation Explain	_cluster/allocation/explain	シャード割り当て先の決定に関する情報の確認

＊2　https://www.elastic.co/guide/en/elasticsearch/reference/current/cluster.html

■ X-pack Monitoring 機能を利用した動作確認

X-pack を使うと、Elasticsearch 自身の監視・状態確認を Kibana ダッシュボードから行うことができます。この Monitoring 機能は、以前 Marvel と呼ばれていた追加機能が X-pack に正式機能として取り込まれたものです。また、Monitoring 機能は X-pack の Basic ライセンス（無料）でも利用することができます（ただし、Basic では一部機能制限あり）。

Monitoring 機能は、クラスタの状態やノードの状態、またインデックスの登録・クエリに関する統計情報などをブラウザから可視化して把握できる機能を持ちます。

Monitoring 機能の説明は、次の第 6 章でも行いますので、ここでは詳細な説明は割愛します。

■ Elasticsearch の出力するログの確認

最後にログファイルによる確認方法についても説明しておきます。Elasticsearch が出力するログファイル（/var/log/elasticsearch/< クラスタ名 >.log）には、さまざまなログイベントが出力され、運用管理上重要な情報源となります。エラーが発生した際には、まずログファイルを確認することで問題への対処が効率的に行えます。

通常のログファイル以外にも、運用上有益なログファイルを 2 つ紹介します。ログ出力先は通常のログファイルと同じです。

○ deprecated ログ（< クラスタ名 >_deprecation.log）

deprecated ログには、以前は使えていたが、バージョンアップにより非推奨になった機能についての警告が出力されます。

たとえば、バージョン 6.0 以上の Elasticsearch で、バージョン 5.x 以前の機能を使った際には、次のような警告がこ deprecated ログに出力されます。

Operation 5-8　deprecated ログの出力例

```
[2018-02-12T12:02:45,023][WARN ][o.e.d.i.m.MapperService  ] [_default_] mapping
 is deprecated since it is not useful anymore now that indexes cannot have more
 than one type
[2018-02-12T12:03:27,094][WARN ][o.e.d.a.a.i.t.p.PutIndexTemplateRequest] Depre
cated field [template] used, replaced by [index_patterns]
```

1 行目のログは、Elasticsearch 6.0 以降ではインデックスタイプが複数使えなくなったことによるマッピング定義機能に関する警告です。2行目のログは、インデックステンプレートで使われる"index_patterns"句が、5.xまでは"template"句だったため、6.0以降で古い"template"句を使おうとすると警告が出力されるという例です。

○スローログ（<クラスタ名>_index_indexing_slowlog.logおよび<クラスタ名>_index_search_slowlog.log）

RDBMSではよく見られる機能ですが、Elasticsearchにもスローログを記録する機能があります。これはインデックス登録、もしくはクエリ時に一定以上の時間が経過した場合に、ログに記録するという機能です。デフォルトではしきい値は設定されていませんが、必要に応じてログ出力の設定をするとよいでしょう。詳細はElasticsearchリファレンスの説明を参考にしてください*3。

5-1-2　設定変更操作

前節ではクラスタの動作状況をさまざまなコマンドやツール、ログから確認する方法を紹介しました。確認した結果、設定の変更をする必要がある場合、どのような操作をすればよいでしょうか。Elasticsearchの設定変更には以下の2種類のタイプがあります。

●静的な設定変更

ノード単位で行う設定変更です。第2章でも紹介したelasticsearch.ymlファイルに定義するか、同じ定義を環境変数に設定するか、あるいは起動時のコマンドラインオプションで指定するか、いずれかの方法でノードの起動時に設定が反映されます。設定変更が必要なすべてのノードで実施する必要があるので、ノード数が多い環境では、設定忘れがないように注意しなくてはいけません。

●動的な設定変更

稼働中のクラスタに対して、クラスタ設定変更用API（_cluster/settings）で変更を行います。こちらはクラスタ内で設定情報が一元管理されるので、各ノードに設定を行う必要はありません。設定項目によっては、動的な設定変更ができないものもあるため注意してください。その場合には、ノードを停止して静的な設定変更を行う必要があります。

動的な設定変更では、変更期間の長さを指定するために、以下の2種類が選択できます。

＊3　https://www.elastic.co/guide/en/elasticsearch/reference/current/index-modules-slowlog.html

◇一時的なクラスタ設定変更（"transient"）

クラスタが再起動するまでの期間で有効となる設定変更です。クラスタが停止した時点で設定は失われます。

◇恒久的なクラスタ設定変更（"persistent"）

明示的に削除もしくは上書きされるまで恒久的に残る設定変更です。クラスタが再起動しても設定が失われません。また、これらの設定変更が適用される優先順位は Figure 5-1 のようになっています。

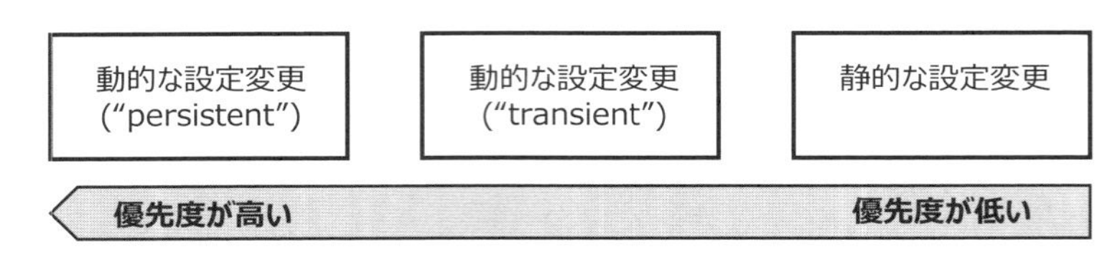

Figure 5-1　設定変更の優先順位

これらの点から考えると、静的な設定変更と動的な設定変更の使い分けは次のようにするのが望ましいと言えます。

まず、ノード単位のローカルな設定変更のみ、静的な設定変更を使い、それ以外のクラスタ関連の設定変更については、動的な設定変更を行うようにします。このあたりは、運用に慣れてくると自然に使い分けができると思いますが、優先順位などの違いについては理解しておくとよいでしょう。

5-2　クラスタの管理

本節では、クラスタの管理について説明します。先に「2-2　システム構成」でもクラスタ構成について説明しましたが、ここで簡単におさらいしておきましょう。

Elasticsearch におけるクラスタ構成のポイントとしては、以下のような点があげられます。

- Elasticsearch では、同じクラスタ名を持つ複数の Elasticsearch インスタンスが協調してクラスタを形成する。
- クラスタは、必ず 1 台の Master ノードを持ち、各種クラスタ管理タスクを行う。
- Master ノードの障害に備えるためには、Master-eligible ノードと呼ばれる候補ノードを構成する。その中から1つのノードがMasterとして選出される。

- 複数ノードが協調してクラスタを形成するためのdiscoveryと呼ばれるメカニズムがある。これは各ノードのクラスタ参加やMasterノード選定といった機能を担う。

クラスタ構成に関する詳細や設定方法などは、第2章の内容を適宜確認してください。ここではElasticsearchクラスタをどのように管理するかについて説明していきます。

5-2-1 クラスタの起動、停止、再起動

本節では、計画停止などでクラスタのメンテナンスを行うようなケースを想定して、Elasticsearchクラスタ全体を停止、起動する際の注意点や手順を説明します。なお、Elasticsearchクラスタの全体を一度に起動、停止するためのコマンドやAPIは提供されていません。このため、1ノードずつ操作していきます。

ノードの停止方法について、最もシンプルな停止方法はsystemctl stopやservice stopを使って1ノードずつ停止するという手順です。端末上から直接Elasticsearchを起動している場合は、Ctrl-CあるいはSIGTERMを送信することで停止できます。起動方法についても同様に、systemctl startやservice start、あるいは端末から直接起動する方法があります。

しかしながら、クラスタ内では常にシャードのレプリケーションやバッファリング、ディスク遅延書き込みなどの仕組みが動作しています。たとえば、Elasticsearchノード起動時には常にシャードのリバランシングが行われます。このため、不用意にノードを停止したり起動したりすれば、リバランシングが起動してしまい不要なデータの移動をともないます。結果的にクラスタ状態が安定するまでに時間を要します。

このような動作を正しく理解して、制御しながら停止、起動する方法が、より望ましいと言えます。以下ではその手順について説明していきます。

■停止前の準備

何も対処を行わずにノードを停止すると、デフォルトでは60秒後にシャードの再配置が開始します。これを回避するため、あらかじめシャードの再配置を無効化する設定を行うことで、再配置にともなう不要なデータ移動を回避することができます（Operation 5-9）。

Operation 5-9　シャード再配置の無効化操作

```
$ curl -XPUT 'http://localhost:9200/_cluster/settings' \
-H 'Content-Type: application/json' -d'
{
  "persistent": {
    "cluster.routing.allocation.enable": "none"
  }
}
'
```

次に、ノード再起動時のリカバリ動作を高速化するための **synced flush 操作**を実行します。synced flush 操作とは、プライマリシャードとレプリカシャードの内容が同じであることを識別するための sync_id という ID をデフォルトで 5 分間隔で自動的に書き込む機能です。ここでは、以下のコマンドにより手動で明示的に synced flush 操作を実行します。

Operation 5-10　手動 synced flush 操作

```
$ curl -XPUT 'http://localhost:9200/_flush/synced'
```

synced flush 操作が成功するとステータスコード 200 とともに、以下のようなレスポンスが返されます。この例では、シャードを 5 つ、レプリカを 1 つ持つ my_index というインデックスに対して、synced flush を実行した例となります。

Operation 5-11　手動 synced flush 操作の出力結果例

```
{
  "_shards" : {
    "total" : 10,
    "successful" : 10,
    "failed" : 0
  },
  "my_index" : {
    "total" : 10,
    "successful" : 10,
    "failed" : 0
  }
```

```
}
```

■停止・起動

ここまでの準備が完了したら、各ノードを systemctl stop や service stop を使って停止します。その後、ノードメンテナンスなどの必要な対応を行った後、systemctl start や service start を使って起動してください。

もし Master ノードも含めてクラスタ全体を起動（再起動）する場合には、まず Master（Master-eligible）ノードから起動して、先にクラスタ形成を完了させるようにします。Master ノードがすべて起動した後に、Data ノードを起動しましょう。各 Data ノードは Master ノードにクラスタ参加を要請し、クラスタに組み込まれます。

各ノードが起動したことの確認として、前節でも紹介した"_cat/nodes"API などを利用するのがよいでしょう。

■起動確認・事後対応

この時点でクラスタ状態を確認します（Operation 5-12）。

Operation 5-12　クラスタ状態の確認操作

```
$ curl -XGET 'http://localhost:9200/_cat/health'
```

クラスタ内のすべてのプライマリシャードの適切な配置が確認されるまでの間は、ステータスは red となっています。すべてのプライマリシャードが復帰するとステータスが yellow に変わります。まだこの時点ではステータスは green に戻らないことに注意してください。これは停止前の事前準備として、シャード再配置の無効化操作を実行しているためです。

クラスタにすべてのノードが参加していることを確認した上で、シャード再配置を再有効化します (Operation 5-13)。

Operation 5-13 シャード再配置の有効化操作

```
$ curl -XPUT 'http://localhost:9200/_cluster/settings' \
-H 'Content-Type: application/json' -d'
{
  "persistent": {
    "cluster.routing.allocation.enable": "all"
  }
}
'
```

上記操作後、しばらく待つとステータスはgreenに戻ります。この時点で、レプリカシャードも含め、すべて正常に配置されていることになります。

5-2-2 ノード単位のRolling Restart

前項では、クラスタ全体を停止、再起動する手順を説明しました。一方、クラスタ全体を停止せずに、1ノードずつ停止、再起動操作を行うことも可能です。この操作をRolling Restartと呼びます。

- サーバにパッチを適用したい
- サーバのハードウェアメンテナンスを行いたい
- Elasticsearchをupdate/upgradeしたい

Rolling Restartを行うには、前項で説明した「**停止前の準備**」「**停止・起動**」「**起動確認・事後対応**」を1ノードずつ実行してください。それにより、クラスタは稼働したまま、ノードを再起動することができます。

特にElasticsearch 5.6からはElasticsearch 6へのRolling Upgradeも新たにサポートされました。この場合の操作手順も基本的には上記と同じです。興味のある方はElasticsearchの公式ドキュメントにも記載されているので、参考にしてください[*4]。

＊4 https://www.elastic.co/guide/en/elasticsearch/reference/current/rolling-upgrades.html

5-2-3　ノード拡張・縮退

Elasticsearch クラスタを運用中に、格納するインデックスのデータ量が増えていくと、ノード拡張を計画することもあるかと思います。また、逆にデータ量が減りノードを縮退するケースも考えられます。

Elasticsearch は、はじめからクラスタ構成を考慮したアーキテクチャとなっており、ノードを拡張するだけで、格納ドキュメント数の増加にも容易に対応が可能です。このとき、クラスタ名を正しく設定しておけば、各ノードは起動時に自動でクラスタに参加することから、ノード拡張作業が非常に簡単に行えるという特徴があります。ここでは、具体的にノード拡張・縮退する際に実施する手順について説明します。

■ノード拡張

まず、シャードの再配置を無効化します。手順は「5-2-1　クラスタの起動、停止、再起動」で紹介した手順と同じです。

次に、新規追加するノードの設定を確認します。特に「2-4-4　基本設定」で説明した以下の設定項目はノードごとに異なる可能性があるため、よく注意して設定してください。

- cluster.name
- node.name
- path.conf/path.data/path.logs
- network.host
- discovery.zen.ping.unicast.hosts
- discovery.zen.minimum_master_nodes

ここで注意点として、discovery.zen.minimum_master_nodes パラメータの値について補足します。

このパラメータは、クラスタ構成時のスプリットブレイン対策として重要なパラメータであり、スプリットブレイン状態を防ぐためには、この値を Master-eligible ノード数の「過半数」に設定することを第 2 章で説明しました。

もしノード拡張後に、Master-eligible ノード数が増える場合は、このパラメータも変更が必要となる可能性があります。Figure 5-2 の例のように、変更前の Master-eligible ノード数が 3 で、ノード拡張によって 5 に増やすという場合、過半数は 2 から 3 に増えます。したがって、discovery.zen.minimum_master_nodes パラメータの値も 3 に変更する必要があります。もし、設定変更を忘れてこれを2のままにしておくと、Node1、Node2、Node3 と Node4、Node5 のようなネットワーク分断が起きた際にスプリットブレイン状態が発生して、それぞれのノード群で Master 選出が行われてしまいます。Master（Master-eligible）ノードを拡張する場合には、特にこのパラメータの設定に注意しておいてください。

Figure 5-2　マスターノード数の変更への対処

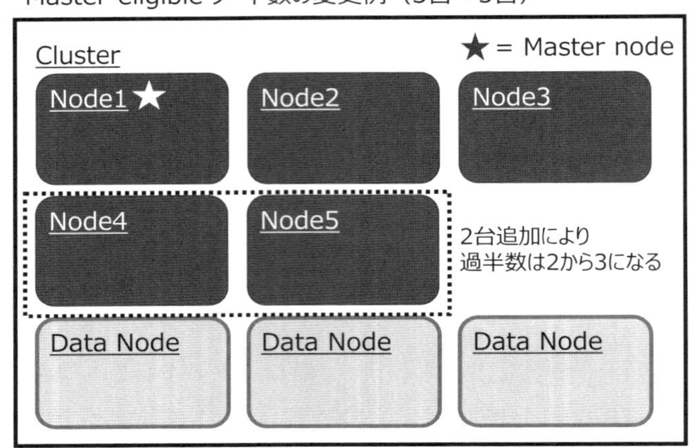

設定を確認できたら、ノードを起動します。前述のとおり、ノードが起動すると自動的にクラスタに参加できるので"_cat/nodes"や"_cat/health"などの_cat API を利用して状態を確認します。

最後にシャードの再配置を有効化状態に戻します。この手順も「**5-2-1　クラスタの起動、停止、再起動**」と同じです。

シャード再配置の有効化により、追加したノードにシャードが移動してきます。デフォルトでは、一度に移動できるシャードの数は1インデックスにつき2シャードずつとなっています。以下のコマンドにより、この数を変更することもできるので、ネットワーク負荷を見ながら調整してみるとよいでしょう。

Operation 5-14　シャード再配置の並行処理数の変更

```
$ curl -XPUT 'http://localhost:9200/_cluster/settings' \
-H 'Content-Type: application/json' -d'
{
  "transient" :{
```

```
    "cluster.routing.allocation.cluster_concurrent_rebalance" : 2
  }
}
'
```

■ノード縮退

次にノード縮退の手順を紹介します。縮退の際に注意すべきポイントとしては、縮退するノードが保持しているシャードの扱いです。もしすべてのシャードに対して適切にレプリカが複製されていればシャードを失うことはありません。しかしながら、レプリカを持たないシャードを保持したままそのノードを縮退してしまうと、シャードが失われてしまうため、そうならないようにシャードの状態には十分注意が必要です。

もしシャードの複製が他のノードにも必ず配置されている状態であれば、単にノード停止することで、適切にレプリカが再構成されます。ただし、安全のためにOperation 5-15のような手順で、事前にシャードを別ノードへ退避する対処をとることが望ましいでしょう。

縮退対象のノードが保持しているシャードを、他のノードに退避するためには、以下のコマンドを実行します。"exclude"の次の"_ip"には縮退するノードのIPアドレスを指定してください。IP以外の指定方法として"_node"（ノード名）、"_host"（ホスト名）の指定も可能です。

Operation 5-15　ノード縮退時のシャード退避の実行例

```
$ curl -XPUT 'http://localhost:9200/_cluster/settings' \
-H 'Content-Type: application/json' -d'
{
  "transient" :{
    "cluster.routing.allocation.exclude._ip" : "x.x.x.x"
  }
}
'
```

この操作は「**シャード割り当てフィルタリング**」と呼ばれています。もともとはクラスタ内のシャード割り当てを制御するために使われる機能ですが、ノード縮退時のシャード退避にも利用が可能です[*5]。

＊5　https://www.elastic.co/guide/en/elasticsearch/reference/current/shard-allocation-filtering.html

シャード退避後に、シャード再配置の無効化を実行します。これはノード拡張時と同じ手順です。その上で、ノードを systemctl stop あるいは service stop で停止します。ノードの停止後にシャードの再配置を有効化状態に戻しておきます。以上の手順で、ノード縮退が安全に完了します。

5-3 スナップショットとリストア

本節では、Elasticsearch で格納したインデックスデータをバックアップする手順について説明します。

Elasticsearch では、標準でスナップショットの仕組みを提供しており、バックアップ取得はこのスナップショット機能を利用して行います。スナップショット取得は任意のタイミングで、かつ、インクリメンタルに取得することが可能です。定期的にスナップショットを取得しておくようにすることで、不測の事態によりデータが失われた場合でも安全にデータを復元することができるため、ぜひ日常運用にスナップショット取得の仕組みを取り込んでいただきたいと思います。

以降では、スナップショットとリストアに関する以下の内容について紹介します。

- スナップショットの構成を設定する方法
- スナップショットの取得方法
- 特定のスナップショットからリストアをする方法

5-3-1 スナップショットの構成設定

スナップショットを取得するために最初に行うことは、スナップショットを格納するためのリポジトリを設定することです。Elasticsearch では、次の場所をリポジトリに設定することがサポートされています。

- 共有ファイルシステム
- 分散ファイルシステム（S3、Azure Storage、Google Cloud Storage、HDFS）
- URL（読み込み専用）

これらのリポジトリはすべて共有のファイルストレージである点に注意してください。Elasticsearch は分散システムであり、各ノードがインデックスデータを保持しているため、全ノードからアクセスできる共有ストレージが必須となっています*6。

ここでは例として、CentOS 7 で構成した NFS サーバを共有ファイルシステムとしてリポジトリに構成する方法を紹介します。もし環境の都合などで Elasticsearch クラスタのサーバとは別に NFS サーバが用意できない場合は、便宜上 Master ノードなどに NFS サーバを構成して、兼用構成としてもよいでしょう。

■ NFS の設定

まず、共有ファイルシステムをリポジトリに利用するためには、elasticsearch.yml ファイルに次の設定が必要です。この設定は、すべての Master ノード、Data ノードで行い、各ノードで Elasticsearch を再起動して設定を反映させてください。

Code 5-1 共有ファイルシステムのリポジトリ設定の例（elasticsearch.yml）

```
path.repo: ["/mount/repository"]
```

CentOS 7 で NFS サービスを構成する簡単な手順例を Operation 5-16 に示すので参考にしてください。

まず、CentOS 7 サーバに NFS サービスをインストールし、次にクライアントに export するディレクトリを設定します。ここでは、共有ファイルシステムのリポジトリとして"/var/elasticsearch/repository"ディレクトリを export しています。後に、NFS クライアント（Elasticsearch 各ノード）からは、このリポジトリを"/mount/repository"ディレクトリとしてマウントする予定です。

Operation 5-16 NFS サービスのインストール（NFS サーバでの作業）

```
$ sudo yum install -y nfs-utils
$ sudo mkdir -p /var/elasticsearch/repository
$ sudo chown -R elasticsearch:elasticsearch /var/elasticsearch/repository
$ sudo systemctl enable nfs-server
$ sudo systemctl start nfs-server
$ sudo systemctl status nfs-server
```

＊6 テスト用などで 1 ノードの Elasticsearch クラスタを運用している場合にはローカルファイルシステム上にも格納できます。

NFS サーバから export するディレクトリの設定は、Operation 5-17 のコマンドで実施します。

Operation 5-17　NFS サービスの export 設定（NFS サーバでの作業）

```
$ sudo vi /etc/exports
/var/elasticsearch/repository *(rw,async,no_root_squash)

$ sudo systemctl reload nfs-server
$ sudo exportfs -av
exporting *:/var/elasticsearch/repository
```

最後に firewalld の設定を変更して NFS サービスの通信が許可されるようにします。

Operation 5-18　NFS サービスの firewalld 設定（NFS サーバでの作業）

```
$ sudo firewall-cmd --permanent --zone=public --add-service=nfs
success
$ sudo firewalld-cmd --reload
success
```

次に、NFS クライアントとなる Elasticsearch の各ノードで、インストールと NFS クライアントの設定を行います。先ほど elasticsearch.yml の設定"path.repo"を設定変更を実施したすべてのノードで、以下を実行してください。なお、Operation 5-19 の手順例では mount コマンドで NFS マウントを実行していますが、恒久的なマウント設定を行う場合には、別途/etc/fstab ファイルにも設定が必要です。

Operation 5-19　NFS サービスのインストール（NFS クライアントでの作業）

```
$ sudo yum install -y nfs-utils
$ sudo mkdir -p /mount/repository
$ sudo chown -R elasticsearch:elasticsearch /mount/repository
$ sudo systemctl enable rpcbind
$ sudo systemctl start rpcbind
$ sudo mount -t nfs <NFSサーバホスト名>:/var/elasticsearch/repository/ \
/mount/repository/
$ sudo systemctl restart elasticsearch
```

■リポジトリの登録

NFS サーバへのマウントまでが準備できたところで、いよいよ Elasticsearch のスナップショット用リポジトリの登録設定を行います (Operation 5-20)。

Operation 5-20　スナップショット用リポジトリの登録の例

```
$ curl -XPUT 'http://localhost:9200/_snapshot/repository1' \
-H 'Content-Type: application/json' -d '
{
  "type": "fs",
  "settings": {
    "location": "/mount/repository/repository1",
    "compress": true
  }
}
'
```

ここで、API エンドポイントで指定した"/_snapshot/repository1"のうち、"_snapshot"はスナップショットの操作であることを表し、"repository1"は今回登録するリポジトリの名前を示しています。リポジトリ名は任意の名前を指定できます。

リクエストボディの JSON オブジェクトの中では、リポジトリに関する各種設定を記載します。"type"句が"fs"となっているのはリポジトリに共有ファイルシステムを用いる際の指定です。"settings"句の内部の'location"はリポジトリのファイルシステムパスをフルパス、あるいは、path.repo で示したディレクトリからの相対パスのいずれかで指定します。"compress"を true に指定するとインデックスマッピングや設定情報を圧縮して保存します（デフォルト:true)。

上記コマンド実行後に、正しくリポジトリが登録できたかを GET メソッドで確認することもできます（Operation 5-21）。

Operation 5-21　スナップショット用リポジトリの確認の例

```
$ curl -XGET 'http://localhost:9200/_snapshot/repository1'
{
  "type": "fs",
  "settings": {
    "location": "/mount/repository/repository1",
    "compress": true
```

```
  }
}
```

5-3-2 スナップショットの取得

リポジトリが作成できたら、実際にスナップショットを作成してみましょう（Operation 5-22）。

Operation 5-22 スナップショット取得コマンドの実行例

```
$ curl -XPUT 'http://localhost:9200/_snapshot/repository1\
/snapshot1?wait_for_completion=true&pretty' \
-H 'Content-Type: application/json' -d '
{
  "indices": "my_index"
}
'
```

API エンドポイントがやや複雑なので注意してください。"/_snapshot/repository1/snapshot1"のうち、"_snapshot"はスナップショットの操作を表し、"repository1"は先ほど登録したリポジトリの名前を示し、"snapshot1"が今回取得するスナップショットの名前を指定しています。ここでも、スナップショット名は任意の名前を指定可能です。またクエリストリングとして"wait_for_completion=true"を指定すると、スナップショット取得完了まで待つようになります。

スナップショットはインクリメンタルに取得できるため、前回取得したスナップショットからの差分ファイルのみがコピーされます。

"indices"句には、上記実行例では"my_index"という単一のインデックス名を指定していますが、"my_index,my_index2"のようにカンマで記述したり、"my_index_*"のようにアスタリスクを使って複数のインデックスを指定することも可能です。

■スナップショットの確認

スナップショットの実行結果を後から確認することもできます。Operation 5-23 の実行例では"state"句に"SUCCESS"とあるので、スナップショット取得が成功していることが判断できます。

Operation 5-23 スナップショット取得コマンドの実行結果の確認例

```
$ curl -XGET 'http://localhost:9200/_snapshot/repository1/snapshot1?pretty'
{
  "snapshots" : [
    {
      "snapshot" : "snapshot1",
      "uuid" : "J1QDJlnRStyAGZfp6DUEVA",
      "version_id" : 6020299,
      "version" : "6.2.2",
      "indices" : [
        "my_index"
      ],
      "include_global_state" : false,
      "state" : "SUCCESS",
      "start_time" : "2018-03-04T08:32:42.596Z",
      "start_time_in_millis" : 1520152362596,
      "end_time" : "2018-03-04T08:32:42.868Z",
      "end_time_in_millis" : 1520152362868,
      "duration_in_millis" : 272,
      "failures" : [ ],
      "shards" : {
        "total" : 5,
        "failed" : 0,
        "successful" : 5
      }
    }
  ]
}
```

もし取得済みのスナップショットを削除したい場合は、DELETEメソッドを使うことで削除できます。スナップショットが削除される際、関連するファイル、および、他のスナップショットから参照されていないファイルはすべてリポジトリから削除されます。

Operation 5-24 スナップショット削除コマンドの実行例

```
$ curl -XDELETE 'http://localhost:9200/_snapshot/repository1/snapshot1?pretty'
{
  "acknowledged" : true
}
```

5-3-3 リストア操作

取得済みのスナップショットをもとに、インデックスをリストアする手順を紹介します。リストアを行うためには"_restore"API エンドポイントを指定します。以下にいくつかのリストア方法を指定する例を示します。

■スナップショットのリストア

まずは、事前にスナップショットを取得した"my_index"インデックスをリストアする手順を説明します。デフォルトでは、スナップショットを取得した際と同じインデックス名でリストアしようとします。つまり、もしすでに同名のインデックスがある状態で、そのままリストアしようとするとエラーになってしまいます。このため、同名のインデックスが存在しないことを確認する、あるいは、あらかじめ同名のインデックスは削除をした上でリストアを実行する必要がある点に注意してください。

Operation 5-25 リストアコマンドの実行例（リストア先インデックスが存在しない場合）

```
$ curl -XPOST 'http://localhost:9200/_snapshot/repository1/snapshot1/_restore' \
-H 'Content-Type: application/json' -d '
{
  "indices": "my_index"
}
'
```

■スナップショットのリストア（インデックス名の変更）

もし既存のインデックスは残したまま、スナップショットを取得したインデックス名とは異なるインデックス名でリストアしたい場合には、"rename_pattern"句と"rename_replacement"句をそれぞれ指定することで、"indices"句で指定したインデックス名を、（正規表現を用いて）別インデックス名に置き換えてリストアすることができます。

Operation 5-26 の例では、先に"index_1"と"index_2"というインデックスをスナップショットで取得してある前提として、これをリストアするのですが、既存のインデックスは削除せず残しておきたいものとします。このとき、"index_1"のリストアは"restored_index_1"に、

"index_2"は"restored_index_2"にそれぞれ名前を変えた別インデックスとしてリストアすることができます。

多少わかりにくい設定表記ではありますが、"rename_pattern"句と"rename_replacement"句を指定して、"index_（連番）"というパターンのインデックスを、すべて"restored_index_（連番）"というインデックス名に置換してリストアするという設定となっています。Logstashのインデックスなどでは、このような接尾句を持つインデックスが多いため、この指定方法は非常に有用です。

Operation 5-26　リストアコマンドの実行例（リストア先インデックスを別名に置換する方法）

```
$ curl -XPOST 'http://localhost:9200/_snapshot/snapshot1/mysnapshot1/_restore' \
-H 'Content-Type: application/json' -d '{
    "indices": "index_1,index_2",
    "rename_pattern": "index_(.+)",
    "rename_replacement": "restored_index_$1"
}
'
```

■スナップショットのリストア（インデックス設定の適用）

最後に、リストア時に固有のインデックス設定を適用する例を紹介します。JSONオブジェクト内にて、"index_settings'句を指定することで、リストア時に作成されるインデックスに対して、明示的に設定を適用することができます。Operation 5-27の例では、リストア時に作成されるインデックスには、レプリカを作成しないように指定を行っています。同様に、"ignore_index_settings"句を指定すると、スナップショットを取得したインデックスで定義されていた設定は無視され、代わりにデフォルトのインデックス設定が適用されます。ここでは、"refresh_interval"値をデフォルトに設定した状態でリストアを行う、という設定を行っています。

Operation 5-27　リストアコマンドの実行例（リストア先インデックスを別名に置換する方法）

```
$ curl -XPOST 'http://localhost:9200/_snapshot/snapshot1/mysnapshot1/_restore' \
-H 'Content-Type: application/json' -d '{
{
  "indices": "my_index",
```

```
    "index_settings": {
      "index.number_of_replicas": 0
    },
    "ignore_index_settings": [
      "index.refresh_interval"
    ]
  }
  '
```

5-4 インデックスの管理とメンテナンス

Elasticsearchを利用したサービスを長く運用していると、機能仕様の変更や負荷増大にともなう対応などに直面することは少なくありません。このとき、検索クエリを修正したり、インデックスの構成を変更するなどといったメンテナンスが発生します。

まだサービスが開発中であれば、一度インデックスを削除して再作成もできますが、多くのユーザが利用している運用局面では、サービス停止は簡単には許容されません。

このような問題に対応できるよう、本節では、Elasticsearchを安定的に運用する上で知っておくと便利なインデックス管理とメンテナンスのポイントを紹介します。

5-4-1 インデックスエイリアス

インデックスには、エイリアス（別名）を設定することができます。ドキュメント格納や検索クエリを、エイリアスに対して実行すると、参照されている実体のインデックスが操作されることになります。Linuxで言うところのシンボリックリンクに近い概念です。

Elasticsearchを一度運用環境で稼働させると、インデックス定義を変更したくなっても、サービスに影響が出るため変更が難しくなります。また、クライアントアプリケーションからElasticsearchへアクセスしている場合にも、インデックス名を変更するとアプリケーションコードも改修しなければいけません。

インデックスエイリアスは、このような場面で便利に使うことができます。インデックスの実体は変更されてもエイリアス名は変更しなくて済むため、変更に対する柔軟性が向上し、変更に強いシステムにすることができます。

Figure 5-3でも例示したように、インデックスエイリアスには主に2種類の使い方があります。

Figure 5-3　インデックスエイリアスの概念図

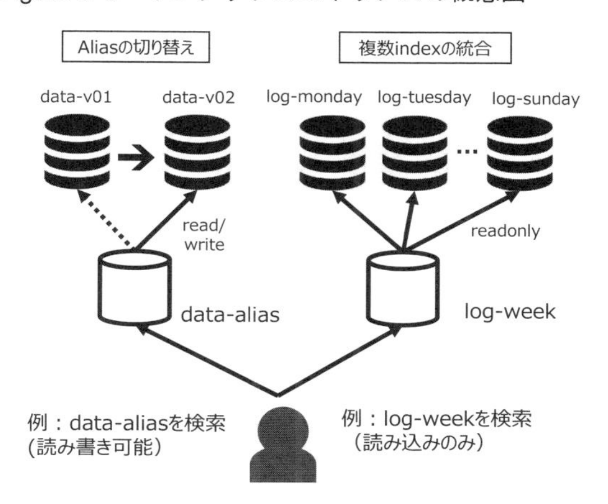

- 実体のインデックスの変更時に参照先を切り替える目的でエイリアスを使う
- 複数のインデックスを1つのエイリアスに束ねて横断検索する

前者では、通常運用時には常にエイリアスを設定しておき、クライアントからはエイリアスにアクセスします。もしも、マッピングやフィールド定義の変更が発生した場合には、新しい実体のインデックスを作成した後で、エイリアスの参照先を新しいインデックスに切り替えます。

後者の使い方は、たとえば、実体のインデックスがあるシステムのログデータを格納しているようなケースで、1日ごとにインデックスが作成されているものとします。このときクライアントからは、これらを1週間や1か月などの長期間で横断検索をしたい、といった要件がよく見られます。そこで、複数の実体インデックスを1つのエイリアスで束ねて定義することで、すべての実体インデックスを横断してクエリを投げられるようになります。Logstashでも"my_index_YYYY.MM.DD"のように日付の含まれたインデックスが日次で作成されることがよくあります。この際に、これらの日次インデックスを束ねて"my_index_alias"というエイリアスを設定する、といったユースケースが考えられるでしょう。ただし、複数の実体インデックスをエイリアスする場合には、インデックスへの書き込みはできないので、注意してください。また、どちらにも共通する注意点ですが、インデックスエイリアスに対してさらにエイリアスを設定することはできません。設定しようとした場合、エラーが返されます。

■インデックスエイリアスの定義

インデックスエイリアスの定義はOperation 5-28の手順で行います。エイリアスの操作は、"_aliases"というAPIエンドポイントに対してPOSTメソッドを発行します。また、エイリアスの操作内容は、リクエストボディにJSONオブジェクトで記述します。Operation 5-28では"data-v01"という実体インデックスに対して、"data-alias"というインデックスエイリアス(add)を設定しています。

Operation 5-28 インデックスエイリアスの定義の例

```
$ curl -XPOST 'http://localhost:9200/_aliases' \
-H 'Content-Type: application/json' -d'
{
  "actions" : [
    {"add" :
      {"index" : "data-v01", "alias" : "data-alias"}
    }
  ]
}
'
```

同様に、エイリアスはOperation 5-29の手順で削除(定義解除)できます。定義のときと同じ指定を行いますが"actions"句の指定を"add"の代わりに"remove"とします。

Operation 5-29 インデックスエイリアスの削除の例

```
$ curl -XPOST 'http://localhost:9200/_aliases' \
-H 'Content-Type: application/json' -d'
{
  "actions" : [
    {"remove" :
      {"index" : "data-v01", "alias" : "data-alias"}
    }
  ]
}
'
```

このように、"actions"句に"add"もしくは"remove"を指定してエイリアスの定義と削除が行えますが、さらに便利な操作として、エイリアスの「**削除**」と「**定義**」を一度にまとめて行うことも可能です。

同一のエイリアスに対して削除と定義と一度に行った場合、これはいわゆるエイリアスの「**切り替え**」を行うことになります。この操作は内部的にアトミックに実行されるため、クライアントから見たときに切り替え途中でエイリアスが参照できなくなる、などの心配も不要です。

Operation 5-30　インデックスエイリアスの切り替えの例

```
$ curl -XPOST 'http://localhost:9200/_aliases' \
-H 'Content-Type: application/json' -d'
{
  "actions" : [
    {"remove" :
      {"index" : "data-v01", "alias" : "data-alias"}
    },
    {"add" :
      {"index" : "data-v02", "alias" : "data-alias"}
    }
  ]
}
'
```

■複数のインデックスを対象としたエイリアスの定義

次に、複数のインデックスを束ねて、1つのエイリアスで統合する操作についても見ていきましょう。複数のインデックスを束ねる場合は"actions"句の下に複数の"add"句を定義します。

Operation 5-31　インデックスエイリアスの定義（複数インデックスの統合）の例

```
$ curl -XPOST 'http://localhost:9200/_aliases' \
-H 'Content-Type: application/json' -d'
{
  "actions" : [
    {"add" :
      {"index" : "my_index_20180301", "alias" : "my_index_alias"}
    },
    {"add" :
      {"index" : "my_index_20180302", "alias" : "my_index_alias"}
    }
  ]
}
'
```

先ほどの注意点の繰り返しになりますが、複数のインデックスを束ねたエイリアスについてはクエリ操作のみを受け付けます。実際にこのエイリアスにインデックス登録操作を行ってみると、次のようなエラーメッセージが返され、操作は失敗します。

Operation 5-32　複数インデックスを束ねたエイリアスへインデックス登録を行った場合のエラーメッセージの例

```
{
  "error": {
    "root_cause": [
      {
        "type": "illegal_argument_exception",
        "reason": "Alias [my_index_alias] has more than one indices associated
with it [[my_index_20180302, my_index_20180301]], can't execute a single index
op"
      }
    ],
    "type": "illegal_argument_exception",
    "reason": "Alias [my_index_alias] has more than one indices associated with
 it [[my_index_20180302, my_index_20180301]], can't execute a single index op"
  },
  "status": 400
}
```

■ filter 指定をともなうエイリアスの定義

インデックスエイリアスを定義する際には、"filter"を定義することも可能です。filter を定義すると、元のインデックスを filter で絞り込んだビューをエイリアスとしてクライアントに提供することができます（Operation 5-33）。

Operation 5-33　インデックスエイリアスの定義（filter の指定）の例

```
$ curl -XPOST 'http://localhost:9200/_aliases' \
-H 'Content-Type: application/json' -d'

curl -XPOST 'localhost:9200/_aliases' -d '
{
  "actions" : [
```

```
    {
      "add" : {
        "index" : "data-v01",
        "alias" : "data-alias-with-filter",
        "filter" : { "term" : { "department" : "sales" } }
      }
    }
  ]
}
'
```

こうして定義したエイリアスに対するクエリは、自動的にfilterが適用された結果が返されます。この例では、元の"data-v01"というインデックスのうち、"department":"sales"が含まれるドキュメントのみがエイリアスから見えることになります。RDBMSで言うところのマテリアライズドビューと同等の機能だと考えるとわかりやすいかもしれません。

ここまでインデックスエイリアスの機能について説明してきました。エイリアスは実運用で役立つのはもちろん、開発中でも頻繁なインデックス定義変更に対する、柔軟な管理を実現する機能と言えます。開発の終盤になってエイリアスを使い始めるよりは、ぜひ開発の早い段階からエイリアスを使いこなしていただければと思います。

5-4-2　再インデックス

再インデックスは、既存のインデックスにあるドキュメントを別のインデックスにコピーする機能です。単なるコピーに加えて、ある条件のデータのみをコピーする、コピー時にコピー先のインデックス定義を変更する、といったさまざまな操作が可能です。

いくつかの再インデックスの操作方法を以下で説明していきます。具体的な例として、再インデックスが必要になるケースとしてよくあるのが、一度作成したインデックスのシャード数を変更したいという場面です。シャードの数はインデックス作成時に指定できますが、後から増やすことができません。このため、シャード数を増やしたい場合には、まず新しいインデックスを任意のシャード数で作成します。そして、再インデックスの機能を用いて、新しいインデックスにドキュメントをコピーするという手順が必要です。

■全ドキュメントを対象とした再インデックス

最初に基本的な操作として、既存のインデックスから新しいインデックスへ全ドキュメントをコピーする手順を示します。再インデックス操作では、"_reindex"というエンドポイントを指定してPOSTメソッドを発行します。操作内容はリクエストボディにJSONオブジェクトで記述します。ここでは、コピー元とコピー先のインデックス名だけを指定しています。

Operation 5-34　再インデックスの例（全ドキュメントのコピー）

```
$ curl -XPOST 'http://localhost:9200/_reindex' \
-H 'Content-Type: application/json' -d'
{
  "source": {"index": "my-index"},
  "dest": {"index": "my-index-copy"}
}
'
```

■コピー対象をクエリで絞り込んだ再インデックス

次に、コピー元のドキュメントをクエリを使って絞り込む方法を紹介します。以下の例のように、"source"句の中でクエリ句を指定すると、コピーする対象のドキュメントの絞り込みができます。ここでは、messageフィールドに"Elasticsearch"が含まれるドキュメントのみがコピー対象となります。

Operation 5-35　再インデックスの例（クエリによる絞り込み）

```
$ curl -XPOST 'http://localhost:9200/_reindex' \
-H 'Content-Type: application/json' -d'
{
  "source": {
    "index": "my-index",
    "query": {
      "match": {
        "message": "Elasticsearch"
      }
    }
  },
```

```
  "dest": {"index": "my-index-copy"}
}
'
```

■再インデックス処理の確認とキャンセル

再インデックスを実行する際に注意すべき点として、実行時間があげられます。既存インデックスに含まれる対象ドキュメントの数が膨大である場合、再インデックスにも多くの時間がかかる可能性があります。このようなときには、現在実行中の再インデックス操作のステータスを確認して、場合によっては操作をキャンセルできると便利です。

実行中の再インデックス処理のステータスを確認するには以下の手順を実行します。

Operation 5-36 再インデックス処理の実行ステータス確認の例

```
$ curl -XGET 'http://localhost:9200/_tasks?detailed=true&actions=*reindex'
```

再インデックス処理が実行中の場合には、以下のようなレスポンスが確認できます。ここで"status:total"が処理される対象となる全体の件数、"status:updated"などが各実行済みの処理件数となります。定期的にステータスを確認して、この件数をもとにして完了時間をおおよそ推測することができます。

Operation 5-37 再インデックス処理の実行ステータス結果の例

```
{
  "nodes" : {
  ...
    "tasks": {
      "DeQbDmdFQ3GB_hRUmwYWLw:21321": {
      "node": "DeQbDmdFQ3GB_hRUmwYWLw",
      "id": "21321",
      "type" : "transport",
      "action" : "indices:data/write/reindex",
      "start_time_in_millis" : 1520749819220,
      "running_time_in_nanos" : 23563102,
```

```
      "status" : {
        "total" : 9012,
        "updated" : 2100,
        "created" : 0,
        "deleted" : 0,
        "batches" : 12,
        "version_conflicts" : 0,
        "noops" : 0,
        "retries": 0,
        "throttled_millis": 0
      }
    }
  }
}
```

もし確認した結果、時間がかかりすぎるためキャンセルしたいという場合は、Operation 5-38のようにしてキャンセル実行できます。ここでtaskIdには"node"と"id"をコロンでつなげた文字列（上記例では"tasks"の直下の"DeQbDmdFQ3GB_hRUmwYWLw:21321"がtaskIdとなります）を指定します。停止にはしばらく時間がかかる場合がありますが、再インデックスタスクは定期的にキャンセル要求が届いているかをチェックしているため、キャンセル要求を見つけた時点で処理が停止されます。

Operation 5-38　再インデックス処理のキャンセル実行の例

```
$ curl -XPOST 'http://localhost:9200/_tasks/{taskId}/_cancel'
```

5-4-3　インデックスのopenとclose

開発、運用の場面でいくつもインデックスを作成していると、アクティブに利用しない、いわゆる「休眠」インデックスができていることがあります。これらのインデックスへは読み書きを行わないが、削除はしたくない、というケースもあります。そういったインデックスに対しても、Elasticsearchはクラスタ上でシャードの割り当てやレプリケーションの準備をしており、マシンリソースを消費していることになります。

もしこのようなアクティブに利用していないインデックスがあれば、close処理をして読み書きを停止することができます。close されたインデックスについては、クラスタ上でメタデータの維持をする以外はリソースを消費しないので、無駄なく管理することができます。

Operation 5-39　インデックスの close の例

```
$ curl -XPOST 'http://localhost:9200/my_index/_close'
```

もし後で再度このインデックスにアクセスしたいという場合には、open 処理をすることで復帰させることができます。open 処理を呼び出すとシャードの再割り当てなどの処理が裏で実行されます（したがって多少時間がかかります）。

Operation 5-40　インデックスの open の例

```
$ curl -XPOST 'http://localhost:9200/my_index/_open'
```

インデックスの close 処理が必要な例の 1 つとして、第 4 章で説明した Analyzer 定義の変更があります。インデックスが open 状態で Analyzer の定義変更を行おうとすると open なインデックスに対する動的な定義変更はできないというエラーが返されます。このときは、一度 close 処理を呼び出してから Analyzer 定義を変更し、その後 open するようにしてください。

5-4-4　インデックスの shrink

Elasticsearch 5.0 から、既存のインデックスのシャード数を縮小する shrink という機能が提供されるようになりました。先ほど紹介した再インデックスと機能的には類似していますが、単一の API で操作できるため、利用用途によっては便利に使える機能です。

■ shrink 実行前の準備

shrink 機能を使うには、以下の条件を満たしている必要があります。

- shrink 元のシャード数は shink 先のシャード数の倍数であること（例：元インデックスのシャード数が 8 の場合、shrink するインデックスのシャード数は 4、2、1 のいずれか）
- 実行前にすべてのシャードを 1 つのノードに移動させておくこと

●実行前にインデックスへの書き込みをブロックすること

これらの条件を説明するために、実行前の準備の具体例を以下に紹介します。

ここでは例として、shrink元のインデックスとして、次のようにシャード数6を持つmy_index_06を作成し、ここになんらかのインデックスが登録されているものと仮定します。

Operation 5-41　インデックスの作成（シャード数:6）

```
$ curl -XPUT 'http://localhost:9200/my_index_06' \
-H 'Content-Type: application/json' -d'
{
  "settings": {
    "number_of_shards": "6",
    "number_of_replicas": "1"
  }
}
'
```

次に先ほどの条件を満たすために、インデックスの設定変更を行います。ここではすべてのシャードをnode01に集め、かつ、インデックスへの書き込みをブロックする、という操作を行っています。なお、シャードの集約先の指定は"_ip"（IPアドレス）や"_host"（ホスト名）でも構いません。以上が、shrink実行前の準備となります。

Operation 5-42　インデックスの設定変更（shrink実行前の準備）

```
$ curl -XPUT 'http://localhost:9200/my_index_06/_settings' \
-H 'Content-Type: application/json' -d'
{
  "settings": {
    "index.routing.allocation.require._name": "node01",
    "index.blocks.write": true
  }
}
'
```

■ shrink 操作の実行

準備が整ったことを確認したら、shrink API を呼び出して shrink 操作を実行します。Operation 5-43 では 6 つのシャードを持つインデックスから 2 つのシャードを持つインデックスへの shrink を行う例を示しています。

Operation 5-43　shrink 操作の実行例（シャード数:2）

```
$ curl -XPOST 'http://localhost:9200/my_index_06/_shrink/my_index_02' \
-H 'Content-Type: application/json' -d'
{
  "settings": {
    "index.number_of_shards": "2",
    "index.number_of_replicas": "1"
  }
}
'
```

Elasticsearch では、デフォルトのシャード数が 5 となっているため、後からこれを 1 に変更したいという要望は多いのではないかと思います。そのような場合に、ここで紹介した shrink 機能を活用してみるとよいでしょう。

5-4-5　curator を利用したインデックスの定期メンテナンス

本章の最後に、curator を利用したインデックスのメンテナンスについて紹介します。

curator とは、Elastic 社が提供する Elasticsearch の運用管理を支援するツールです。python で実装されており、Elasticsearch 本体とは別にインストールする必要があります。

2018 年 3 月時点の最新バージョンは 5.4.1 で、バージョン 5.4 以降から Elasticsearch 6.x をサポートするようになりました。したがって、本書の手順で導入した Elasticsearch 6.x とあわせて利用する場合には curator 5.4 以降のバージョンをインストールしてください。

■ curatorの機能

curatorの機能は、主にインデックスとスナップショットの操作です。当然それはElasticsearch本体のコマンドやAPIを使っても実現できます。しかし、curatorではこれらの操作のシンプルなインターフェースが提供されているため、たとえば以下のような定期メンテナンスをcronのジョブから自動実行させるなどの便利な使い方が可能です。

curatorのユースケースの例（cronで毎日決まった時刻に実行する）：

- 30日以上古いインデックスをclose、削除する
- 指定したインデックスのスナップショットを取得する
- 10日以上経過したスナップショットを削除する

インデックスが定常的に作成されるような環境では、クラスタ全体で保持できるデータサイズの制約から、定期的に古くなった不要なインデックスを削除する、といった運用を行うことが少なくありません。たとえば、Logstashが日次で作成する日付が付いたインデックスを対象に、30日経過したインデックスのみを削除したいとします。curatorを使わなければ、次のようなコマンドを実行することになりますが、指定するインデックス名（以下の例では`"logstash-2018.02.15"`）の部分については、日付をもとに30日前の値を計算しなければいけません。

Operation 5-44　Logstashの古いインデックスを手動削除するコマンドの例

```
$ curl -XDELETE 'http://localhost:9200/logstash-2018.02.15'
```

curatorを使うと、同じことが日付の計算を行わなくても、決まったコマンド表記で容易に実行できます。このためcronジョブで毎日決まった時刻に呼び出すことができ、運用が非常に楽になります。日付以外にもインデックスの容量が指定したサイズを超過した場合に削除するというオプションなども用意されています。

以下では、curatorのインストール手順、設定方法および実行方法について説明します。

■ curator のインストール手順

curator をインストールする方法は複数提供されており、環境に応じた方法を選択してください。

（1）python pip を用いたインストール手順
（2）OS のパッケージリポジトリからインストールする手順（CentOS 7 の場合）
（3）OS のパッケージリポジトリからインストールする手順（Ubuntu 16.04 の場合）

■ python pip を用いたインストール手順

python pip が動作して、インターネットに接続できる環境があれば以下の手順だけで簡単にインストールすることができます。

OS が CentOS 7 か Ubuntu 16.04 であれば上記の（2）および（3）のパッケージリポジトリからのインストール手順を選ぶこともできますし、ここで紹介する手順を選択しても、どちらでも構いません。python による開発、運用に慣れている方は python pip の方法でもよいでしょう。

Operation 5-45　python pip を使ったインストール手順

```
$ pip install elasticsearch-curator
```

■ OS のパッケージリポジトリからインストールする手順（CentOS 7 の場合）

yum コマンドを用いてパッケージリポジトリからインストールを行います。curator 用のリポジトリ定義ファイルを/etc/yum.repos.d/ディレクトリに作成しておきます。ファイル名は任意でよいのですが、ここでは curator.repo としておきます。

Code 5-2　/etc/yum.repos.d/curator.repo

```
[curator-5]
name=CentOS/RHEL 7 repository for Elasticsearch Curator 5.x packages
baseurl=https://packages.elastic.co/curator/5/centos/7
gpgcheck=1
gpgkey=https://packages.elastic.co/GPG-KEY-elasticsearch
enabled=1
```

ファイルを作成したら、yum コマンドでインストールを行います。Elasticsearch のインストール時と同様に事前に PGP 鍵ファイルを import してから、curator パッケージのインストールを行います。インストール後に yum list installed コマンドを実行すると、パッケージバージョンが確認できます。また、curator --version コマンドで実行確認も行います。

Operation 5-46　yum を使ったインストール手順（CentOS 7）

```
$ sudo rpm --import https://artifacts.elastic.co/GPG-KEY-elasticsearch
$ sudo yum install elasticsearch-curator
$ sudo yum list installed | grep elasticsearch-curator
elasticsearch-curator.x86_64         5.4.1-1                         ...
$ curator --version
curator, version 5.4.1
```

■ OS のパッケージリポジトリからインストールする手順（Ubuntu 16.04 の場合）

Ubuntu では apt-get コマンドを使ってパッケージインストールを行います。CentOS 7 と同様に事前に PGP 鍵の import を行い、リポジトリ設定を任意のファイル名で作成（ここでは curator.list というファイル名）した上で、elasticsearch-curator パッケージのインストールを apt-get コマンドで行います。

Operation 5-47　apt-get コマンドを使ったインストール手順（Ubuntu 16.04）

```
$ wget -qO - https://artifacts.elastic.co/GPG-KEY-elasticsearch | sudo apt-key add -
$ echo "deb [arch=amd64] https://packages.elastic.co/curator/5/debian stable main" \
| sudo tee -a /etc/apt/sources.list.d/curator.list
$ sudo apt-get update && sudo apt-get install elasticsearch-curator
$ sudo dpkg -l | grep elasticsearch-curator
ii  elasticsearch-curator               5.4.1                                   amd
64        Have indices in Elasticsearch? This is the tool for you!\n\nLike a museum cu
rator manages the exhibits and collections on display, \nElasticsearch Curator helps yo
u curate, or manage your indices.
$ curator --version
curator, version 5.4.1
```

■ curator の設定方法

curator を使う際には、2 種類の設定ファイルを用意します。1 つは環境を定義する Configuration File と呼ばれるファイル、もう 1 つは実行タスクを定義する Action File と呼ばれるファイルです。ともに YAML フォーマットで記載します。

○ Configuration File の設定方法

Configuration File は、クライアントからの接続方法およびログ設定について記述するファイルです。デフォルトでは~/.curator/curator.yml というパスが読み込まれますが、コマンド実行時にファイルパスを引数で指定することもできます。基本的にはどのジョブでも共通で 1 つ用意しておけばよいでしょう。

Code 5-3　Configuration File の記載例

```
client:
  hosts:
    - 127.0.0.1:9200

logging:
  loglevel: INFO
  logfile:
  logformat: default
  blacklist: ['elasticsearch', 'urllib3']
```

Code 5-3 の例では、Elasticsearch ノード上に curator をインストールしている前提で、ローカルホストの Elasticsearch へ接続する設定例を示しています。その場合、"hosts"には 127.0.0.1:9200 を指定します。

また、ログ設定は、"loglevel"として INFO の他に DEBUG、WARNING、ERROR、CRITICAL が指定できます。"logfile"はファイルパスを指定するか、空欄にした場合には標準出力とコンソールにログが出力されます。"blacklist"パラメータの意味がわかりにくいかもしれませんが、ここで指定したモジュールからのログを抑制するためのオプションとなります。特に elasticsearch、urllib3 は冗長にログ出力をするため、これらのログを出力しないように指定しています（デフォルト設定でも［'elasticsearch', 'urllib3'］が指定されています）。

○ Action File の設定方法

Action File は、curator の実際の動作（Action）を定義するファイルです。定義できるアクションは非常に種類が多く、インデックスの作成、削除、エイリアスやスナップショットの取得、リストアなども定義できます。

すべてを説明することはできませんが、ここでは 2 つほど代表的なユースケースを紹介します。

●30 日以上経過した古いインデックスを削除する

"action"句にてアクションを定義します。インデックスの削除を行う"delete_indices"という action を指定しています。また、削除対象のインデックス名を"filters"句で指定します。ここでは"logstash-"で始まるインデックス名のパターン、かつ、インデックス名から判断できる日付文字列が 30 日より古いものを選択しています。たとえば、今日が 2018/03/11 であれば 30 日前である 2018/02/09 以前の日付を持つインデックス名（例："logstash-2018.02.09"）を削除対象に選定します。

Code 5-4　Action File の記載例①（30 日以上経過した古いインデックスを削除する）

```
actions:
  1:
    action: delete_indices
    description: "deletes logstash indices older than 30 days"
    filters:
    - filtertype: pattern
      kind: prefix
      value: logstash-
    - filtertype: age
      source: name
      direction: older
      timestring: '%Y.%m.%d'
      unit: days
      unit_count: 30
```

●指定のインデックスに対するスナップショットを取得する

もう 1 つの例として、スナップショットの取得を行う"snapshot"という action の設定例を紹介します。"options"句で取得先のリポジトリ名なども指定する必要があります。"filters"句による対象インデックスの指定では"my-index-"で始まるインデックス名であり、かつ、インデックス作成日時が 1 日以上古いものを選択しています。先ほどの例のフィルタでは、インデックス名に含まれる日付文字列を基準とする"name"という filter source を利用しましたが、今回のフィルタでは"creation_date"という実際のインデックス作成時刻を基準とする filter sourceを利用しています。このように、フィルタの指定もさまざまなパターンが用意されています。

Code 5-5　Action Fileの記載例②（指定のインデックスに対するスナップショットを取得する）

```
actions:
  2:
    action: snapshot
    description: "snapshot selected indices to my_repo"
    options:
      repository: my_repo
      name: my-index-%Y%m%d%H%M%S
      wait_for_completion: True
      max_wait: 3600
      wait_interval: 10
    filters:
    - filtertype: pattern
      kind: prefix
      value: my-index-
    - filtertype: age
      source: creation_date
      direction: older
      unit: days
      unit_count: 1
```

■ curatorの実行方法

Configuration FileとAction Fileを定義したら、実際に動作させてみましょう。コマンド実行の方法は非常にシンプルです。「--config」オプションの引数にConfiguration File（ここではcurator_config.yml）を、また、コマンドの引数にAction File（ここではcurator_action.yml）を指定して、curatorコマンドを実行します。

Operation 5-48　curatorの実行例

```
$ curator --config curator_config.yml curator_action.yml
```

「30日以上経過したインデックスを削除する」Actionを実行した場合ではOperation 5-49のよ

うな結果が出力されます。ログメッセージからは、意図したとおりに実行時点（2018/03/11）から30 日以上古いインデックスのみが削除されていることがわかります。

Operation 5-49　curator の実行結果の例

```
2018-03-11 22:46:27,574 INFO      Preparing Action ID: 1, "delete_indices"
2018-03-11 22:46:27,598 INFO      Trying Action ID: 1, "delete_indices": delete
s "logstash-" indices older than 30 days
2018-03-11 22:46:27,702 INFO      Deleting selected indices: ['logstash-2018.02
.08', 'logstash-2018.02.09']
2018-03-11 22:46:27,703 INFO      ---deleting index logstash-2018.02.08
2018-03-11 22:46:27,703 INFO      ---deleting index logstash-2018.02.09
2018-03-11 22:46:27,887 INFO      Action ID: 1, "delete_indices" completed.
2018-03-11 22:46:27,887 INFO      Job completed.
```

ここで紹介した内容以外にも curator はさまざまな機能があり、上手に活用することで運用メンテナンスが非常に効率的になります。より詳細な使い方に興味のある方は、脚注の URL に掲載されているドキュメントも参考にしてください[*7]。

5-5　refresh と flush

本章の最後に、Elasticsearch の内部のふるまいとして特に重要な refresh と flush の動作について説明します。

refresh は、Elasticsearch に格納したドキュメントが、クエリによって検索できるようにするために必要となる機能です。また、flush は、ノードが突然停止したような場合に備えて、ドキュメントデータを定期的にディスクに書き出しておくために呼び出される機能です。

これらの内部動作には、Elasticsearch がその基盤としている Lucene に関する知識が必要となってきます。そのため、まずは Lucene のファイル構造とふるまいについて簡単に整理します。

＊7　Curator Reference
https://www.elastic.co/guide/en/elasticsearch/client/curator/current/index.html

5-5-1 Lucene のインデックスファイル構造

Elasticsearch のインデックスは、複数のシャードから構成されており、それぞれのシャードは、実際には Lucene のインデックスに該当するものです。さらに Lucene のインデックスの内部構造を見てみると、Lucene のインデックスは複数のセグメントから構成されています。Elasticsearch と Lucene とで同じような用語があるために、少しわかりづらいかもしれませんが、これらの構造を図示すると Figure 5-4 のような関係になります。

Figure 5-4　Elasticsearch のインデックス、シャードと Lucene のインデックス、セグメントの関係

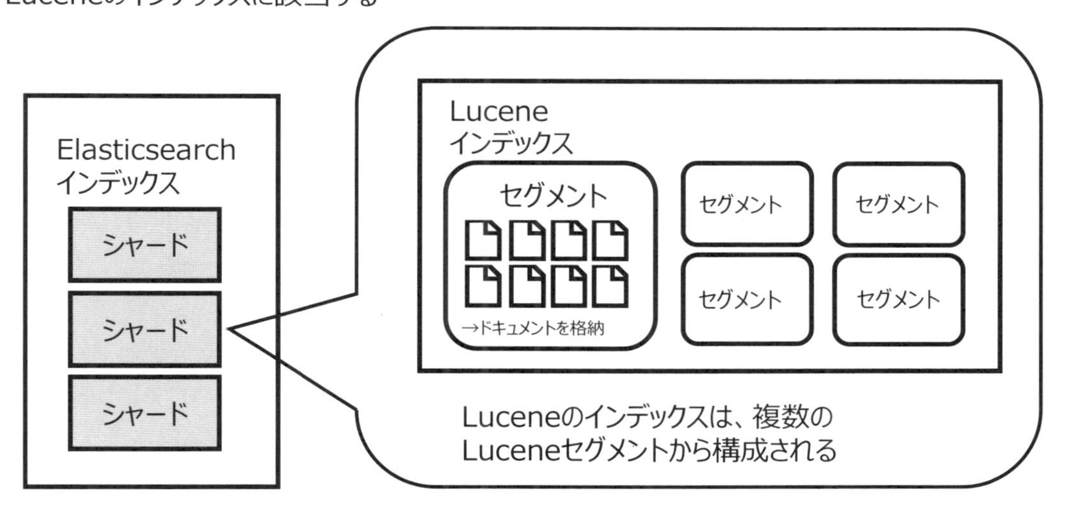

次に、Elasticsearch に対してドキュメントが追加される際の、Lucene 内部のふるまいを確認していきましょう。

一定数のドキュメント数が蓄積されるか、メモリバッファがいっぱいになると、Lucene はセグメントと呼ばれる、構造化された転置インデックスデータ領域にドキュメントを格納します。ただし、まだこの時点では、Elasticsearch からは格納したドキュメントは検索できない状態であることに注意してください。この後説明する refresh 操作が実行されるまでは検索可能にはなりません。

なお、ここで作成されたセグメントにはまだ少数のドキュメントしか格納されておらず、サイズも小さなものとなります。また、基本的に Lucene セグメントは一度作成した後は中身のドキュメントを編集したり削除したりすることはなく、変更されないファイルとなります。

Note　変更されない Lucene セグメントファイル

Lucene セグメントは、書き込みや管理の効率向上のために、作成後は変更されません。この変更されない特徴を指して immutable（イミュータブル）と呼ぶことがあります。ただし、登録されたドキュメントの内容が変更できないという意味ではないことに注意してください。たとえば、Lucene に登録したドキュメントを削除したい場合には、セグメントに削除マークのみを付け、中身のドキュメント自体は削除しないというアーキテクチャとなっています。そして一定のタイミングでこれらのセグメントファイルがマージされ、その時点で変更・削除が正しく反映されるようになっています。このような仕組みによって、Lucene セグメントを直接編集する場合よりも、書き込み・変更・削除の性能を向上させることができるのです。

Figure 5-5　Lucene セグメントにドキュメントが格納される様子

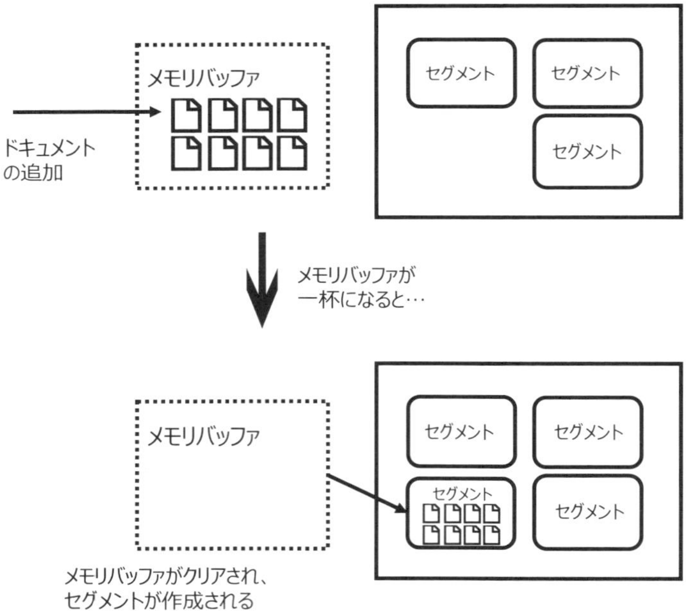

この Lucene セグメントは、ドキュメントを登録していくにつれて次々と作成されていきます。セグメントの数が一定数に達すると、自動的に複数のセグメントがマージされて大きな 1 つのセグメントを再構成します。そして、このマージされた大きなセグメントも数が増えてくると、さらにマージされてより大きなセグメントを再構成します。このように Lucene セグメントは継続的に作成、マージが繰り返されていきます。

このようにElasticsearchでドキュメントを格納すると、内部ではLuceneのメモリバッファおよびセグメントにドキュメントが追加されることになります。そして、これらの追加したドキュメントをElasticsearchから検索できるようにするための操作として、refresh機能があります。次にこのrefreshの動作についてみていきましょう。

5-5-2　Luceneセグメントとrefresh

Elasticsearchのrefreshは、登録されたドキュメントをクライアントから検索可能な状態にする操作です。逆に言えば、refresh操作が行われるまで登録したドキュメントは検索できません。このことは、Operation 5-50のようにして確認することが可能です。

Operation 5-50　登録直後のドキュメントが検索できない例

```
$ curl -XPUT 'http://localhost:9200/my_refresh_test/my_type/1' \
-H 'Content-Type: application/json' -d'{ "message": "This is test." }' \
&& curl -XGET 'http://localhost:9200/my_refresh_test/_search?pretty'
{
  "_index" : "my_refresh_test",
  "_type" : "my_type",
  "_id" : "1",
  "_version" : 1,
  "result" : "created",
...
}
{
  "took" : 1,
...
  "hits" : {
    "total" : 0,
    "max_score" : null,
    "hits" : [ ]
  }
}
```

ElasticsearchはNRT（Near-Real Time）検索機能を持つとも言われています。決して登録したドキュメントが直後に検索できるわけではなく、定期的に実行されるこのrefresh機能の呼び出しにより、検索ができるようになっています。

このrefresh操作にも、Luceneの内部動作が深くかかわっています。前節で説明したLuceneの内部構造も念頭に置きながら、この動作についてみていきましょう。

■ Elasticsearch の refresh 操作と Lucene の reopen 操作

通常、Elasticsearch で検索を行う際には、内部で Lucene の検索用オブジェクトにクエリを投げて、Lucene セグメントの情報を参照しています。ただし、都度追加・更新されていく情報が、リアルタイムに検索できるということではありません。Lucene では、reopen という操作を呼び出すと、Lucene の検索用オブジェクトの情報が更新されて、新しいドキュメントが検索できる仕組みになっています。

実は、Elasticsearch の refresh 操作を実行すると、内部では Lucene の reopen 操作が呼び出されます。Elasticsearch でドキュメントをインデックスに格納した際には、refresh を実行することで、Lucene の reopen が呼び出され、それにより、はじめて格納したドキュメントが検索できるようになります。

■ refresh 間隔の設定

Elasticsearch の refresh 操作は、設定により"index.refresh_interval"（秒）おきに自動的に実行されます。デフォルトの実行間隔は 1 秒です。つまり、Elasticsearch に登録したドキュメントは 1 秒後には検索できるようになる、という意味になります。この設定値は要件に応じて、Operation 5-51 のように変更することも可能です。

Operation 5-51　refresh 間隔の設定変更の例

```
$ curl -XPUT 'http://localhost:9200/<index_name>/_settings' \
-H 'Content-Type: application/json' -d '
{
  "index": {
    "refresh_interval": "30s"
  }
}
'
```

■ refresh 操作の手動実行

refresh 操作は、任意のタイミングで手動でも実行することができます。Operation 5-52 のようにすれば、ユーザが明示的に refresh を呼び出すことも可能です。

Operation 5-52　refresh の明示的な呼び出しの例

```
$ curl -XPOST 'http://localhost:9200/<index_name>/_refresh'
```

本節の最初に登録直後のドキュメントが検索できない例を示しましたが、ドキュメント登録直後に、この明示的な refresh 操作を実行すれば、以降は検索にもヒットするようになります。

Operation 5-53　登録直後のドキュメントを検索させる例

```
$ curl -XPUT 'http://localhost:9200/my_refresh_test_2/my_type/1' \
-H 'Content-Type: application/json' -d'{ "message": "This is test." }' \
&& curl -XPOST 'http://localhost:9200/my_refresh_test_2/_refresh' \
&& curl -XGET 'http://localhost:9200/my_refresh_test_2/_search?pretty'
...
  "hits" : {
    "total" : 1,
    "max_score" : 1.0,
    "hits" : [
      {
        "_index" : "my_refresh_test_2",
        "_type" : "my_type",
        "_id" : "1",
        "_score" : 1.0,
        "_source" : {
          "message" : "This is test."
        }
      }
    ]
  }
}
```

デフォルトの 1 秒という refresh 間隔は、アプリケーションによっては短すぎることもあるでしょう。また、大量のデータをバッチで一度に登録したいが、バッチ実行中は refresh は抑制しておいて、登録完了後に元に戻す、というケースも考えられます。これらのケースでは、一時的に

refresh 間隔を長くしておくとよいでしょう。

もし、refresh の自動実行を完全に止めたいという場合には、refresh_interval の設定値を`"-1"`に設定すると refresh が自動では実行されなくなります。この場合には、ユーザが明示的に refresh を呼び出さない限り、登録したドキュメントは検索できなくなります。

なお、この refresh 操作を実行した時点では、まだ Lucene セグメントは物理的にディスクに書き出されていない点に注意してください。これについては次の flush の節でもあらためて説明します。

Column　ファイルに出力したデータはいつディスクに書き込まれるのか？

一般的な OS の仕組みとして、プロセスがファイルへ出力を行うと同時に（同期的に）ディスクへの書き出しは行われない点に注意してください。ファイルへ書き込まれたデータは、まずページと呼ばれるメモリ空間に書き込まれ、後から非同期に物理ディスクへ書き込まれます。ディスク I/O は非常に時間のかかる処理であるため、一時的にメモリ上にバッファすることで処理の高速化を図るために、このような仕組みとなっています。このため、もしも非同期のディスク書き込みが完了する前に、障害などでプロセスがダウンしてしまった場合には、そのデータは失われることになります。

一方で、OS の非同期の書き込み処理に任せずに、明示的に同期的なディスク書き込みをしたいケースもあります。データベースのトランザクションログ書き出しなどは、その代表的な例と言えるでしょう。このような同期的なディスク書き込みをするためには、fsync というシステムコールを呼び出してファイル出力を行います。fsync システムコールはディスクへの書き込みが完了するまで処理が待たされるため、確実に書き出されたことが保証されます。

このように、ファイル書き込みには処理性能とデータ保護のトレードオフがあり、適宜使い分けることで性能と信頼性をバランスよく高めることが可能になります。

5-5-3　トランザクションログと flush

前節の最後で、refresh 操作を行ってドキュメントが検索可能となっても、Lucene セグメントが物理的にディスクに書き込まれたわけではない、ということをお伝えしました。もし、Lucene セグメントがディスクに書き込まれる前に、サーバがダウンしてしまうとどうなるでしょうか。残念ながら、ディスクに書き込まれてないドキュメント情報は失われてしまうことになります。

それでは、安全のために、ドキュメントを 1 件登録するたびに毎回ディスクに書き込みを行うとどうでしょうか。今度はディスク I/O が性能のボトルネックとなってしまうでしょう。

これらの相反する問題を解決するために、Elasticsearch ではトランザクションログ（translog）という仕組みを導入しました。トランザクションログには、index、update、delete などのユーザリクエストの情報が含まれており、万が一の障害の際にもトランザクションログの情報をもとに、シャードをきちんとリカバリできるようになっています。

■トランザクションログの書き込みの仕組み

トランザクションログは、Elasticsearch の各シャード内に作成、保持されます。新しいドキュメントが登録されるたびに、Lucene のメモリバッファへの格納処理と同時にトランザクションログへも情報が書き込まれます。この書き込みは fsync システムコールにより同期的に行われます*8。

Figure 5-6　トランザクションログへの書き込み

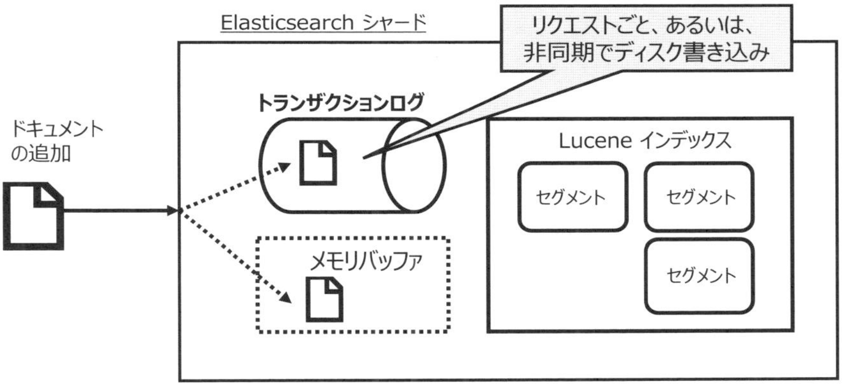

■トランザクションログ書き込みポリシーの設定

トランザクションログの書き込みのポリシーは2種類あり、設定パラメータ`"index.translog.durability"`により決まります。設定値は`"request"`（リクエストごと）か`"async"`（非同期）のいずれかとなり、デフォルト値は`"request"`です。

`"request"`を選択した場合、index、update、delete など書き込み操作のリクエストを受け付けるたびにトランザクションログファイルは fsync システムコールにより同期的に書き込まれます。

`"async"`を選択した場合は、一定時間が経過したタイミングや一定以上のサイズに達したタイミングでトランザクションログファイルが書き出されます。

＊8　RDBMS でもトランザクション情報の保持のために Write-Ahead Log（WAL）という同期ログ書き込みがよく用いられますが、それと同じ仕組みだと言えます。

書き込みポリシーの設定は、動的に変更することができます。たとえば、分析データを格納するために、最初に大量のデータをインデックス登録したい場合などに、デフォルトの"request"ではファイル書き込みのオーバーヘッドが大きいと判断した場合には、設定を以下のように、一時的に"async"に設定するといった使い方が考えられます。この例の場合、5秒おきにしかトランザクションログが書き出されませんので、その間にシステムがダウンしたりすると最大で5秒間のデータが失われるリスクがあるということになります。それが受け入れられるのであれば有用な方法と言えるでしょう。

Operation 5-54 flush の設定変更の例

```
$ curl -XPUT 'http://localhost:9200/<index_name>/_settings' \
-H 'Content-Type: application/json' -d'
{
  "index.translog.durability": "async",
  "index.translog.sync_interval": "5s"
}
'
```

元の設定に戻す場合には、以下のように"request"に設定します。"index.translog.sync_interval"パラメータは"request"の場合には利用されませんので、ここでは設定を記載する必要はありません。

Operation 5-55 flush の設定変更を戻す例

```
$ curl -XPUT 'http://localhost:9200/<index_name>/_settings' \
-H 'Content-Type: application/json' -d'
{
  "index.translog.durability": "request"
}
'
```

■ flush 操作の仕組み

ここであらためて、トランザクションログはそもそもなぜ必要かについて再度おさらいしましょう。まず、ドキュメント登録時にはメモリバッファに格納され、それがLuceneセグメントに格納され、refresh機能によって検索可能になります。ただし、Luceneセグメントの内容はまだ物理的なディスク書き出し（fsync）が行われていません。この状態でサーバ障害が発生してしまうと、Luceneセグメントに格納されたドキュメント情報が失われてしまいます。このため、別途トランザクションログの仕組みを導入して、それによりディスク書き込みを担保している、という背景がありました。

最終的にはLuceneセグメントのデータも、物理的にディスクに書き出される必要がありますが、これを行うのがflush操作です。flushが呼び出されると、Figure 5-7の図のように、先にすべてのメモリバッファの内容がLuceneセグメントに格納され、次にLuceneセグメントの内容が（fsyncシステムコールで）すべて物理的にファイルに書き出されます。Luceneセグメントのファイル書き出しが完了すれば、サーバに障害が起きてもドキュメント情報が失われる心配はありません。このため、トランザクションログの内容もこの時点でクリアされます。

Figure 5-7　トランザクションログの flush 動作

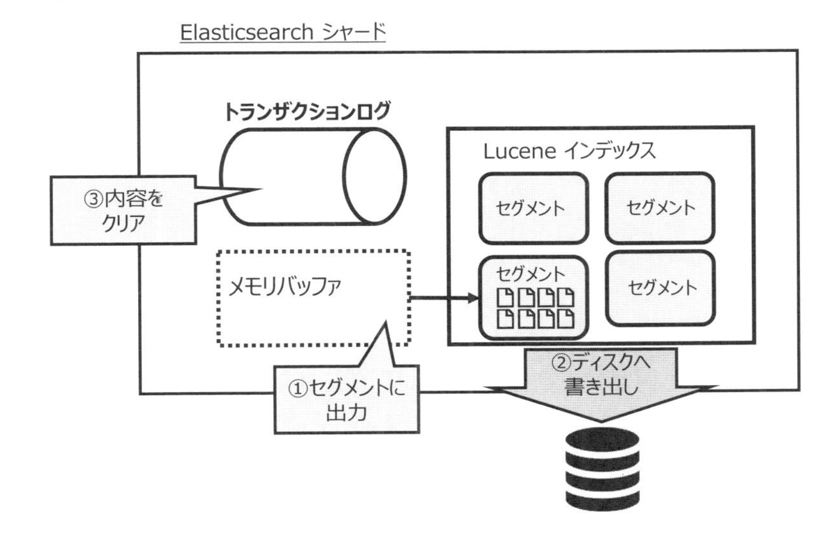

flushが呼び出されるタイミングは、一定時間おき、もしくは、トランザクションログのサイズが一定以上になった時点となります。これについても呼び出しタイミングに関する設定値がありますが、通常はデフォルト値でも問題ないでしょう。

必要に応じて、ユーザが明示的にflushを呼び出すことも可能です。トランザクションログが残っていると、万が一の障害が起きた際の復旧においてリカバリ（ログリプレイとも呼びます）に少しでも時間がかかることになります。このため、明示的にflushを呼び出すことで、復旧時間を早める効果が期待できます。

Operation 5-56　flushの明示的な呼び出しの例

```
$ curl -XPOST 'http://localhost:9200/<index_name>/_flush'
```

本節では、Elasticsearchにてドキュメントを検索可能にするためのrefresh機能と、Luceneセグメントをディスクに書き出してトランザクションログをクリアするためのflush機能について紹介してきました。いずれも、内部的な仕組みも含めて知っておくと運用に役立つ機能なので、ぜひ覚えておいてください。

5-6 まとめ

本章では、Elasticsearchを運用する際に確認しておくべき点を、いくつかの観点から説明しました。

まず、クラスタの状況をAPIで確認する方法、確認結果をもとにして設定を変更する際の手順について確認しました。また、クラスタ運用管理としてノードの起動、停止やノードの拡張、縮退についても説明しました。

その他、日常よく使う管理項目として、バックアップ、インデックスエイリアス、再インデックスの方法についても見てきました。これらのタスクはcuratorなどのツールと組み合わせると便利なため、導入方法、使い方を紹介しました。

そして、Elasticsearchの内部的な動作であるrefreshとflushの概要と動作設定方法について、Luceneの仕組みと合わせて解説しました。

本章の内容以外でも現場ではさまざまな運用課題が出てくるかと思いますが、本章で紹介した参考リンクもあわせて確認してみてください。

次の第6章では、Elastic Stackについて紹介します。Elasticsearchとともに使われるKibana、Logstash、Beatsの概要について、また、機能拡張プラグインであるX-Packについて説明します。

第6章
Elastic Stack インテグレーション

本書の最後に、Elastic Stack と X-Pack について各ソフトウェアの機能、導入手順、利用方法について簡単に説明します。Elastic Stack は Elasticsearch、Kibana、Logstash、Beats から構成される、検索・分析のためのソフトウェアスタックです。E asticsearch に加えて、これらの関連ソフトウェアを組み合わせて利用することで、生成されたログやデータを収集して分析・可視化するまでのライフサイクル全体を、1 つのスタックとして管理することができます。

さらに、拡張パッケージである X-Pack を利用することで、セキュリティ、監視、アラートなど商用システムなどで必要とされる、より高度な要件にも対応することが可能になります。

6-1 Elastic Stack

Elasticsearch の大きな特徴の 1 つとして、豊富な関連ソフトウェア群の存在があります。どのように各システムからデータを収集して Elasticsearch へ投入するか、また、そのデータをいかに可視化、分析するかという要求に答えるのが Elastic Stack です。Elastic Stack を活用することでデータの収集、格納、可視化、分析までのライフサイクルを統合化された方法で管理することができます。

本節では Elasticsearch 以外の Elastic Stack の構成要素である Kibana、Logstash、Beats について、それぞれの概要、導入方法、利用方法を紹介します。

6-1-1 Kibana

Kibana は、Elasticsearch に格納されているデータをブラウザを用いて可視化、分析するためのツールです。Elasticsearch と同じく Apache License 2.0 のライセンス形態を持つオープンソースソフトウェアです。

Kibana はシンプルなユーザインターフェースを持ち、Elasticsearch に格納したデータを簡単な操作で把握することができます。さまざまな種類のグラフやチャートがはじめから提供されており、誰でもすぐに可視化が行える点もすぐれた特徴です。豊富なグラフやチャートを活用して、大量のデータから得られた気付きを多くのユーザに共有、レポーティングすることも容易です。

Kibana では、ユーザが作成したグラフやダッシュボードの構成情報を保存することができますが、それらはすべて接続先の Elasticsearch 上のインデックスに格納します。このため、Kibana 自身はステートレスなコンポーネントであり、Kibana に障害が発生した場合は、別のサーバ上で Kibana を起動することで、可用性を持たせることもできます。

Kibana では、時系列データ（あるいはイベントデータ）と呼ぶ、タイムスタンプと各種データ（ログメッセージ、ユーザ名、IP アドレス、ログ重要度、メトリクスデータなど）から構成されるデータが与えられた際に、特に柔軟で多彩な可視化が可能です。もちろん時系列データ以外のデータも Kibana で扱うことができます。

以下では Kibana の導入方法について説明していきます。なお、インストールに当たり、基本的には Elasticsearch と Kibana とは同じバージョンを使用する必要があります。ただし、Elasticsearch 6.2.3 と Kibana 6.2.1 のようにマイナーバージョン（例：6.2.x）まで一致していればサポート対象となります。バージョン互換性に関する詳細については脚注の情報を参照してください[*1]。

■ Kibana のインストール方法

Kibana をインストールする方法を以下に 2 つ紹介します。

(1) OS ごとのパッケージリポジトリからインストールする手順
(2) tar.gz ファイル（zip ファイル）を用いたインストール手順

■ OS ごとのパッケージリポジトリからインストールする手順

OS のパッケージリポジトリから専用のコマンドを使ってインストールを行います。

○ CentOS 7 への Kibana のインストール

Elasticsearch とまったく同様に、yum を使ったインストールが行えます。yum 用リポジトリ、PGP 鍵ファイルともに、Elasticsearch と共通となっています。すでに第 2 章の手順で yum から Elasticsearch をインストール済みであれば、以下の yum コマンドの実行のみでインストールが完了します。Operation 6-1 は、第 2 章の手順でリポジトリと PGP 鍵の設定が完了している前提での手順です。

Operation 6-1　yum を使ったインストール手順（CentOS 7）

```
$ sudo yum install kibana
$ sudo yum list installed | grep kibana
kibana.x86_64                          6.2.1-1                          @elasticsea
rch-6.x
```

インストール後に Kibana の起動テストを行います。また、必要に応じて Kibana の自動起動の設定も行います (Operation 6-2)。

＊1　https://www.elastic.co/support/matrix#matrix_compatibility

Operation 6-2 systemctl を使った Kibana の起動と自動起動設定（CentOS 7）

```
$ sudo systemctl daemon-reload
$ sudo systemctl enable kibana.service
$ sudo systemctl start kibana.service
$ sudo systemctl status kibana.service
● kibana.service - Kibana
   Loaded: loaded (/etc/systemd/system/kibana.service; enabled; vendor pre ...
   Active: active (running) since 日 2018-02-11 18:02:01 JST; 1 months 25  ...
 Main PID: 23110 (node)
   CGroup: /system.slice/kibana.service
           mq23110 /usr/share/kibana/bin/../node/bin/node --no-warnings /usr/..
...
```

systemctl status コマンドを実行することで、正常起動しているかどうかを確認できます。正常起動が確認できるまでには少し時間がかかることがあるため、時間を空けてから確認してみてください。

○ Ubuntu 16.04 への Kibana のインストール

Ubuntu でも同様に、Elasticsearch がインストール済みであれば、単に apt-get コマンドの実行のみでインストールが完了します。Operation 6-3 は、第 2 章の手順でリポジトリと PGP 鍵の設定が完了している前提での手順です。

Operation 6-3 apt-get コマンドを使ったインストール手順（Ubuntu 16.04）

```
$ sudo apt-get update && sudo apt-get install kibana
$ sudo dpkg -l | grep kibana
ii  kibana                              6.2.1
  amd64        Explore and visualize your Elasticsearch data
```

インストール後に Kibana の起動確認を行います。また、必要に応じて Kibana の自動起動の設定も行います (Operation 6-4)。

Operation 6-4 service を使った Kibana の起動と自動起動設定（Ubuntu 16.04）

```
$ sudo update-rc.d kibana defaults 95 10
```

```
$ sudo service kibana start
$ sudo service kibana status
● kibana.service - Kibana
   Loaded: loaded (/etc/systemd/system/kibana.service; disabled; vendor preset:
   Active: active (running) since Wed 2018-04-04 03:17:56 UTC; 4s ago
 Main PID: 10600 (node)
    Tasks: 10
   Memory: 119.0M
      CPU: 4.008s
   CGroup: /system.slice/kibana.service
           mq10600 /usr/share/kibana/bin/../node/bin/node --no-warnings /us ...
...
```

service kibana status コマンドの実行により、正常起動の確認が可能です。正常起動が確認できるまでには少し時間がかかることがあるため、時間を空けてから確認してみてください。

■ tar.gz ファイル（zip ファイル）を用いたインストール手順

tar.gz ファイル（zip ファイル）を用いた手順でも、Elasticsearch と同様に、ファイルのダウンロードおよび解凍のみでインストールが完了します。Operation 6-5 に、tar.gz ファイルをダウンロード、解凍する手順をまとめて紹介します。ここではバージョン 6.2.1 に対応したファイルをダウンロードしていますが、導入時点の最新バージョンのファイルをダウンロードするようにしてください。なお、起動する際にはパイプライン定義ファイルを引数に指定する必要があります。具体的な起動方法については後述します。

Operation 6-5　tar.gz ファイルを使ったインストール手順

```
$ wget https://artifacts.elastic.co/downloads/kibana/\
kibana-6.2.1-linux-x86_64.tar.gz  1行入力
$ tar xzf kibana-6.2.1-linux-x86_64.tar.gz
$ cd kibana-6.2.1-linux-x86_64
$ ./bin/kibana ### 停止する場合は Ctrl-C を押してください
```

■ポートのアクセス許可設定

Kibana がインストールできたら、外部からアクセスする場合には、Kibana がリスンするポートのアクセス許可設定も忘れずに行っておきましょう。第 2 章では Elasticsearch がリスンする 9200、9300 番ポートへのアクセス許可設定を紹介しましたが、Kibana で標準的にリスンするポートである 5601 番ポートの許可設定は、以下の手順で行います。

○ CentOS 7 でのポート許可設定

CentOS 7 では、デフォルトで firewalld が動作しており、Operation 6-6 のコマンドで許可設定を行えます。

Operation 6-6　5601 番ポートの許可設定（CentOS 7）

```
$ sudo firewall-cmd --add-port=5601/tcp --permanent
$ sudo firewall-cmd --reload
```

○ Ubuntu 16.04 でのポート許可設定

Ubuntu 16.04 では ufw コマンドで許可設定を行えます。

Operation 6-7　5601 番ポートの許可設定（Ubuntu 16.04）

```
$ sudo ufw allow 5601
```

■ Kibana の基本設定

Kibana のデフォルト設定では、localhost の 5601 番ポートをリスンします。また、Kibana から、localhost の 9200 番ポートで起動している Elasticsearch へ接続する動作をします。このデフォルト設定を変更する場合、設定ファイル kibana.yml（デフォルトでは"/etc/kibana/"ディレクトリ以下にあります）を修正して kibana を再起動してください。Table 6-1 に、主な設定項目の一覧を示します。

特にデフォルト設定では、localhost 以外からのリモート接続が許可されていないため注意が必要です。リモートのクライアントからKibanaへアクセスする場合には、"server.host"パラメータの設定変更は必須となります。

Table 6-1　Kibanaの主な設定項目（kibana.yml）

パラメータ名	デフォルト値	設定内容
server.port	5601	Kibanaがリスンするポート番号
server.host	localhost	Kibanaがリスンするアドレス（ホスト名）
server.name	ホスト名	Kibanaインスタンスの名前
elasticsearch.url	http://localhost:9200	接続するElasticsearchインスタンスのURL
elasticsearch.username	N/A	(X-Packセキュリティで認証が必要な場合に与えるユーザ名)
elasticsearch.password	N/A	(X-Packセキュリティで認証が必要な場合に与えるパスワード)
kibana.index	".kibana"	Kibanaが構成情報をElasticsearchに格納する際のインデックス名

Kibanaへのアクセス方法

Kibanaが起動したら、さっそくアクセスしてみましょう。Kibanaへアクセスするにはブラウザから以下のURLへアクセスします。

http://<Kibanaサーバの IP アドレスまたはホスト名>:5601/

Kibana UIにアクセスすると左側に以下のメニューが表示されています (Figure 6-1)。

- Discover
- Visualize
- Dashboard
- Timelion
- Dev Tools
- Management

Figure 6-1 Kibana UI の画面構成

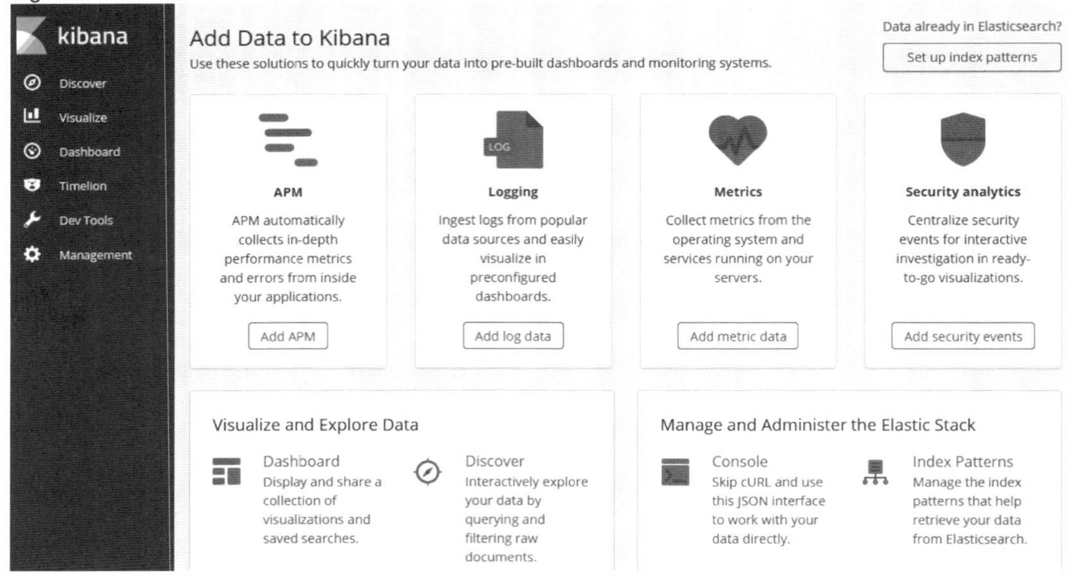

よくある Kibana の使い方として、Elasticsearch にデータを格納して Kibana で可視化、分析を行う、というユースケースがあります。そのためには、次の順序でメニュー操作を行います。

(1) [Management] > [Index Patterns]：インデックス名を Kibana に登録する
(2) [Discover]：登録したインデックスのデータが検索可能かを確認する
(3) [Visualize]：グラフ、表などによるチャートを構成する
(4) [Dashboard]：Visualize で構成したチャートを組み合わせてダッシュボードを構成する

構成したダッシュボードは、データ分析チームや経営層といった関係者にシェアしたりすることもできますし、ダッシュボードの自動リフレッシュ機能をオンにして、管理者が逐次収集・格納されるログのリアルタイム分析を行うこともできます。

■ Kibana の各機能の利用方法

ここでは Kibana の各メニュー機能の概要を説明します。機能の説明をするに当たり、まずは Management、Discover、Visualize、Dashboard の 4 つの機能を説明して、上で紹介した、典型的なデータ分析、可視化のシナリオに沿った利用手順を紹介します。その後、その他の機能 Timelion、Dev Tools についても説明します。

○ Management

Management メニューでは、Kibana で扱う各種設定機能が提供されています。特に［Index Patterns］機能は Kibana で可視化、分析を行う際に、最初にアクセスする重要なメニューです。

●Index Patterns

Kibana で扱うインデックス名のパターンを指定する機能です。「my_index」のような単一のインデックス名を指定するか、もしくは、「accesslogs-*」のようにアスタリスクを付けて複数のインデックスを束ねて指定することができます。

インデックス名を指定したら、そのインデックスの中でタイムスタンプを表すフィールドを 1 つ指定できます。ここで指定したフィールドは、後で Kibana によってさまざまな時系列データの可視化をする際に、時刻を表すデータとして扱われます。もしタイムスタンプを表すフィールドがない、もしくは、時系列データの可視化を行わない場合は、指定をスキップしても問題ありません。

●Saved Objects

Kibana でユーザが構成したオブジェクト（可視化コンポーネント、検索履歴、ダッシュボード）の情報を保存して管理する機能です。これらはエクスポートして別の Kibana にインポートして使うこともできます。

●Advanced Settings

Kibana の細かい動作を設定できる画面です。

○ Discover

Discover メニューでは、Index Patterns 機能で指定したインデックスのデータを実際に表示して確認することができます。このメニューでは以下 2 つの検索機能が提供されており、格納されたデータの簡易的なチェックに利用すると便利です。

●Search

画面上部の検索テキスト欄にクエリを入力してデータを検索できます。

クエリは Lucene のクエリ表記、もしくは、Elasticsearch で用いるクエリ JSON フォーマットのいずれかを指定します。Code 6-1 に、いくつかクエリの記述例を示します。

Code 6-1　search テキストエリアに入力できるクエリの例

```
author: "John Smith"                              ### フィールド名とフィールド値のクエリ
status_code: 404 AND message: "Not found"         ### AND 条件
status_code: 200 OR status_code: 209              ### OR 条件
price: [1000 TO 3000]                             ### 数値フィールドの範囲検索
book: Elasic*                                     ### ワイルドカード検索
{"match": "country": "Japan" }                    ### Elasticsearch で用いるクエリ JSON フォーマット
```

●Filter

第 2 章で紹介した Filter クエリと同様のフィルタリングが行えます。画面からフィルタするフィールド名とフィルタ条件を指定することで設定できます。フィルタは複数構成することや、ON/OFF を切り替えることも可能です。

なお、時系列データを扱う際に注意すべき点として、時間帯の指定があります。画面右上の時計のアイコンがある設定エリア（"Time Picker"と呼びます）で表示する時間帯が設定できますが、デフォルトでは［Last 15 minites］（直近 15 分間）が選択されています。この場合、もしも格納したデータのタイムスタンプが直近 15 分よりも古いデータですと、データが 1 件もヒットせず、画面に「No Results Found」と表示されています。このため、格納されたデータのタイムスタンプに合わせた適切な時間帯を、"Time Picker"で指定してください (Figure 6-2)。

Figure 6-2　Time Picker のデフォルト設定に注意

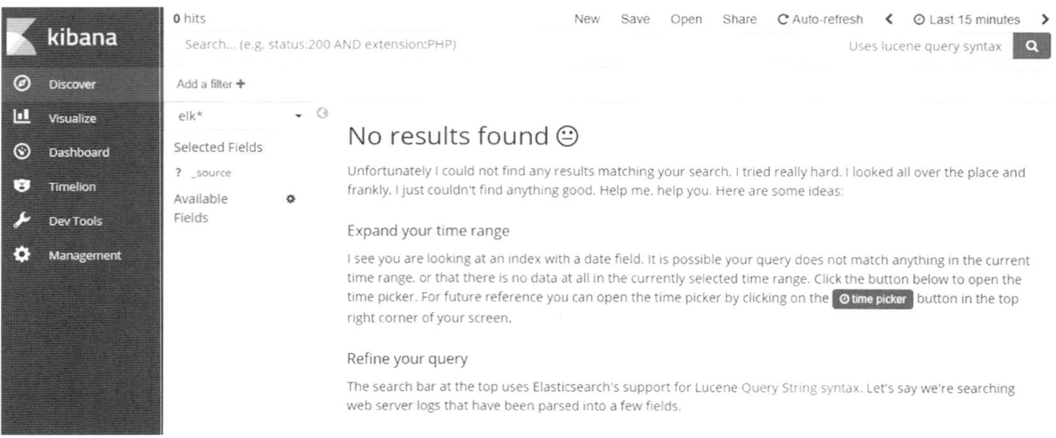

○ Visualize

Visualizeは、登録されたインデックスデータをさまざまな表現で可視化する機能です。表、グラフ、パイチャート、ヒートマップ、地図とのオーバーレイなど、豊富な可視化機能が提供されています(Figure 6-3)。以下では、この中から1つを選び、［Basic Charts］の［Vertical Bar］の利用方法について説明したいと思います。

Figure 6-3　Visualize機能で提供されているチャートの一覧

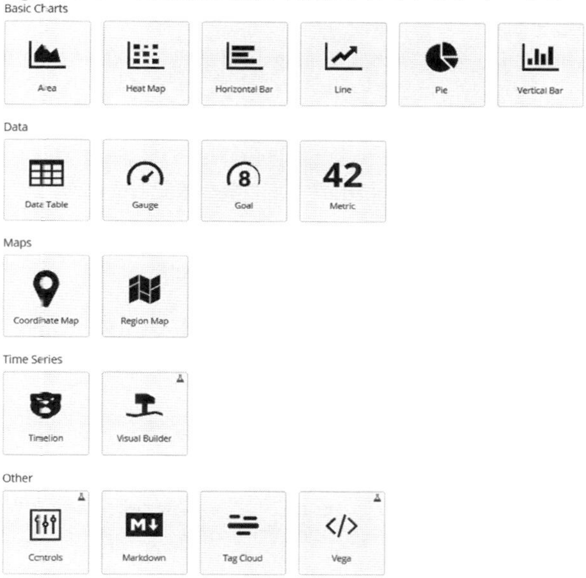

Basic Charts
Area
Heat Map
Horizontal Bar
Line
Pie
Vertical Bar
Data
Data Table
Gauge
Goal
42
Metric
Maps
Coordinate Map
Region Map
Time Series
Timelion
Visual Builder
Other
Controls
Markdown
Tag Cloud
Vega

実際にVisualizeの機能を試すためには、データがElasticsearchに格納されている必要があります。もしお手元に格納できるデータがない場合は、サンプルとしてElastic社が公開しているGithubリポジトリにあるelk-index-size-tests[*2]というサブリポジトリのデータを、Elasticsearchへ格納した上でVisualizeの機能を試してみてください。サンプルデータの格納手順は、以下のColumnに示します。

なお、この手順では後で紹介するLogstashの利用を前提としています。ですので、最初に「6-1-2 Logstash」に記載された導入手順に従ってLogstashのインストールを行っておいてください。

＊2　elk-index-size-tests リポジトリ
https://github.com/elastic/elk-index-size-tests

Column elk-index-size-tests リポジトリにあるサンプルデータを Elasticsearch へ格納する手順（Logstash を利用）

まず、Github リポジトリから git clone コマンドを使ってファイル一式をクローンします。クローンにより取得されたフォルダには、サンプルとなる Apache アクセスログのアーカイブファイル、Elasticsearch へ格納する際に用いるインデックステンプレートファイル、また、Logstash の動作を規定する設定ファイルがそれぞれ複数のパターン分提供されており、利用用途に合わせて 1 つ選んで使うようになっています。

なお、2018 年 5 月現在では、提供されている Logstash 設定ファイルやインデックステンプレートが古いため、Logstash の実行時にエラーが起きてしまいました。エラーを回避するため、以下の手順では sed コマンドを使って、Logstash 設定ファイルの一部修正を行っています。この対処を行うことで、logs.gz というファイルに含まれる 900,000 行のアクセスログを`"elk_workshop"`というインデックス名で Elasticsearch に格納できることを確認しました。

Operation 6-8　サンプルデータの格納手順（Logstash を利用）

```
$ git clone https://github.com/elastic/elk-index-size-tests.git
Cloning into 'elk-index-size-tests'...
remote: Counting objects: 67, done.
remote: Total 67 (delta 0), reused 0 (delta 0), pack-reused 67
Unpacking objects: 100% (67/67), done.
$ cd elk-index-size-tests
$ cat complete.conf | sed -e "/protocol/d" -e "/template/d" \
-e "s/host.*/hosts => \"localhost:9200\"/" > my-complete.conf
$ mkdir mydata
$ zcat logs.gz | /usr/share/logstash/bin/logstash -f my-complete.conf \
--path.data mydata
...
[INFO ] 2018-04-14 23:35:31.447 [Ruby-0-Thread-1: /usr/share/logstash/vendor/
bundle/jruby/2.3.0/gems/stud-0.0.23/lib/stud/task.rb:22] agent - Pipelines ru
nning {:count=>1, :pipelines=>["main"]}
.............................................................................
.............................................................................
......................
[INFO ] 2018-04-14 23:37:38.470 [[main]-pipeline-manager] pipeline - Pipeline
has terminated {:pipeline_id=>"main", :thread=>"#<Thread:0x219d15dd@/usr/share
/logstash/logstash-core/lib/logstash/pipeline.rb:246 run>"}
$
```

データ格納が完了したら、［Management］メニューの［Index Patterns］機能を使い`"elk_workshop"`というインデックス名で Kibana へ登録を行ってください。また、［Discover］メニューでこのインデックスデータが表示されることも確認しておきます。

ただし、デフォルトのTime Picker設定では、直近15分のデータを探そうとするために、［Discover］メニューではデータが見つからないはずです。格納したアクセスログのタイムスタンプはすべて2014年5月から6月にかけてのデータです。したがって、データを表示させるためには、Time Pickerの時間帯設定を`"Last 5 years"`などに変更することで、2014年5月から6月が含まれるように表示させてみてください。ここで、Figure 6-4のように格納データが表示されていればOKです。右上のグラフの範囲をさらに絞り込むために、グラフ内のデータがある範囲をマウスのドラッグ操作で範囲指定してみてください。そうすると、指定した時間帯で絞り込みされて拡大再描画されることがわかると思います。

Figure 6-4　Discover機能で格納したデータを表示させる

●Basic Charts

データの準備ができている前提で、Visualizeのチャートのうち、［Basic Charts］の機能を説明します。

ここでは例として、［Basic Charts］のグラフの1つである［Vertical Bar］を選択します。すると、事前に［Index Patterns］で設定したインデックス名のパターンが表示されるので、インデックス名を表す`"elk_workshop"`を選択します。するとグラフを構成する画面が表示されます。ここでは、`"Metrics"`と`"Buckets"`を設定することができ、それによりグラフを描画します。

`"Metics"`と`"Buckets"`と聞いて思い出した方もいらっしゃるかもしれませんが、これは第4章で説明したAggregation機能の用語です。Kibanaでは、グラフを構成する際には`"Metrics"`と`"Buckets"`を用いたAggregation機能を利用します。

◇Metrics

Metricsは分類された各グループに対して、最小、最大、平均などの統計値を計算します。

◇Buckets

Buckets はドキュメントをそのフィールド値に基づいてグループ化するための分類方法を表します。キーワードやタイムスタンプなどフィールド値に基づいたグループ分類の方法を指定できます。

ここでは、基本的な使い方として、格納したアクセスログのレコードを使って、時間帯ごとに区切ったアクセス数の棒グラフを構成する手順を説明します。

グラフの Y 軸は Metrics すなわち統計値の種類を選択します。平均、最大、最小、合計なども選択できますが、ここではドキュメント数を表す count を選択します。グラフの X 軸は Buckets すなわち分類方法の選択となります。第 4 章でも紹介したさまざまな Buckets タイプを指定できますが、今回は X 軸で時間軸を表現するため、Date Histogram を選択します。最後に左上にある「**再生**」ボタン（右向き三角アイコン）をクリックするとグラフが描画されます。グラフを構成する Y 軸と X 軸の設定について、第 4 章でも紹介した Aggregation 機能の観点で図に整理しますので、参考にしてください（Figure 6-5）。

Figure 6-5 Metrics と Buckets を用いたグラフの構成

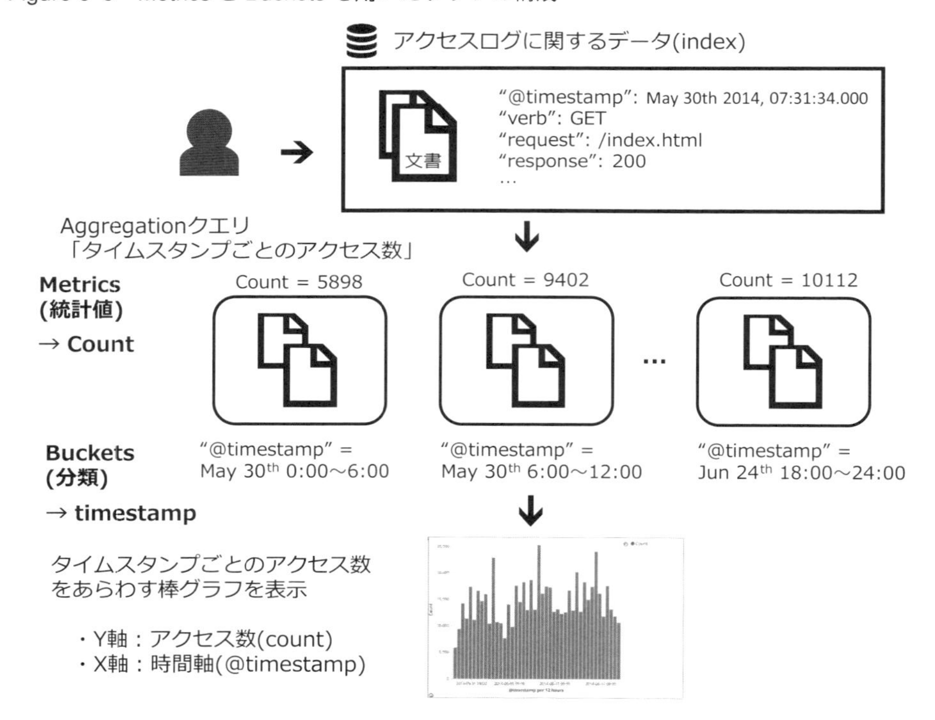

Visualize のグラフは Aggregation の機能を利用しているため、応用として、たとえば複数の Buckets をネストで構成することなども可能です。X 軸の Buckets の下に"Sub Buckets"を追加するボタンがあるので、これを使って時間軸に加えてさらに response code 別のグラフを構成してみましょう。

まず Buckets の一番下にある"Add Sub-Buckets"をクリックします。buckets type の選択があるので"Split Series"を選択します。次に Sub Buckets の分類方法を聞かれるので"Terms"を選択し、また、フィールド値は"response"フィールドを指定します。最後にふたたび「**再生**」ボタンをクリックすると、Figure 6-6 のように時間帯ごとに"200"、"301"、"206"、"304"、"404"、"500"、"503"と色分けされたグラフが表示されるようになります。

Figure 6-6　Sub Buckets を用いたグラフの構成

ここでは一例として、［Basic Charts］の中の［Vertical Bars］チャートの構成方法を紹介しました。紙面の都合上、すべてのチャートを紹介することは難しいのですが、この他のチャートでも Aggregation の機能を理解していれば簡単に構成ができるでしょう。ぜひ、さまざまなチャートの可視化にトライしてみてください。

○ Dashboard

Dashboard は、Visualize で作成したチャートを配置してダッシュボードを構成する機能です。まず先に、Visualize 機能でチャートオブジェクトを作成し、そのオブジェクトを貼り付けてダッシュボードを作成します。作成したダッシュボードは、画面上部の"Share"メニューをクリックすることで共有可能な URL が取得できます。データ分析を行う関係者でこの URL を共有することで、データ分析に基づいた適切なアクションが検討できるようになるでしょう。

○ Timelion

Timelion（「タイムライン」と読みます）は、Elasticsearch に格納された時系列データを、固有のシンプルな式言語を使ってデータ結合・変換・視覚化できるようにする機能です。

一般にデータ分析を行う際には、データをいろいろな切り口（検索、フィルタ、Aggregation など）で捉え、またその適切な表現を指定することになります。これまで、Kibana の Visualize 機能だけを使ってこれを行おうとすると、ブラウザから多くの操作を行う必要があり、時間もかかってしまう、という問題点がありました。

データ分析者の多くは、目の前にあるデータに対してたとえば以下のような興味を持っており、その結果をすぐに知りたがっています。

- Web サイトのページビュー数が時系列でどのように変化しているか？変化に特徴は見られるか？
- 工場のライン A とライン B のセンサデータの変化、最大値、平均値は？
- 特定の検索キーワードで検索された回数がここ 6 か月でどう推移しているか？

Timelion はこれらを 1 行の式言語で簡単に表現でき、アドホックに分析を行うことができます。本書では Timelion の式言語のフォーマット定義の説明は割愛しますが、代わりに簡単な利用例を紹介します。Code 6-2 の例では、Elasticsearch のインデックスをデータソースとして、線グラフを表現しています。オプションを指定することで、グラフを塗りつぶしたり、ラベル（凡例）を表示することも可能です。

Code 6-2　Timelion で時系列データを可視化する例（1）

```
.es(index=elk*,q="response:200").lines(fill=1).label(label="access count")
```

◇.es(): Elasticsearch のインデックスをデータソースとして利用する

◆index:インデックス名を指定する

◆q:クエリを Lucene シンタックスで指定する

◇.lines():時系列データを線グラフで表示する。

◆fill:グラフを塗りつぶす際の色の濃さを指定する

◇.label():凡例（ラベル）を指定する。

◆label:ラベル表記を指定する

Figure 6-7　Timelion 機能で描画したグラフチャート（1）

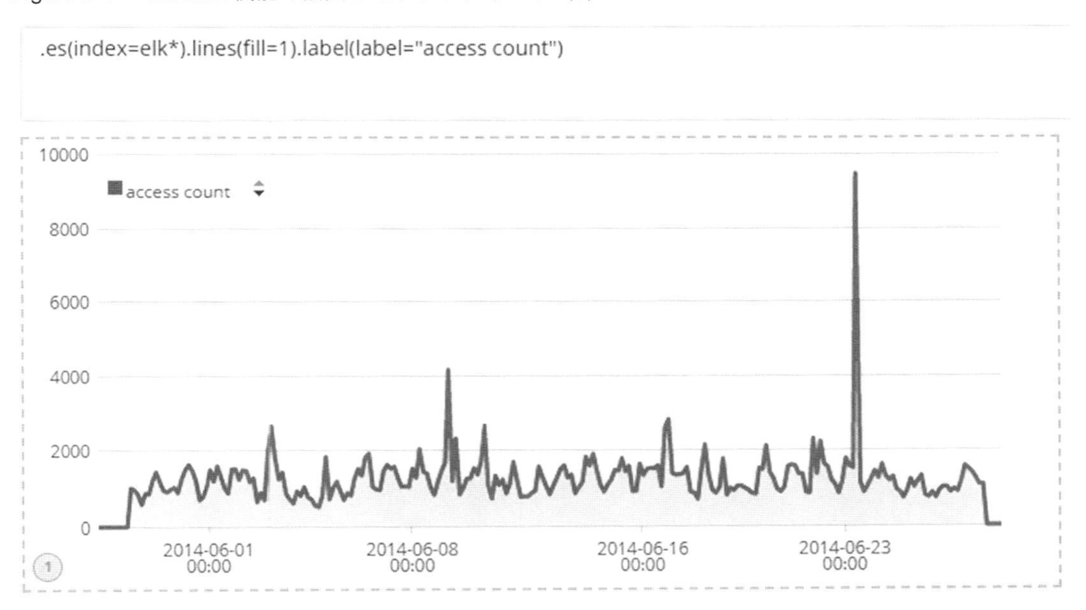

また、Code 6-3 のように式をカンマ区切りで複数指定すると、複数のグラフを重ねて表示できます (Figure 6-8)。このように、1 行の式だけで簡単にチャートを表現できるのが Timelion の特徴です。

Code 6-3　Timelion で時系列データを可視化する例（2）

```
.es(index=elk*,q="response:200").lines(fill=1).label(label="response:200"),.es(
index=elk*,q="response:404").lines(fill=1).label(label="response:404")
```
1 行入力

Figure 6-8　Timelion 機能で描画したグラフチャート（2）

.es(index=elk*,q="response:200").lines(fill=1).label(label="response:200"),.es(index=elk*,q="response:404").lines(fill=1).label(label="response:404")

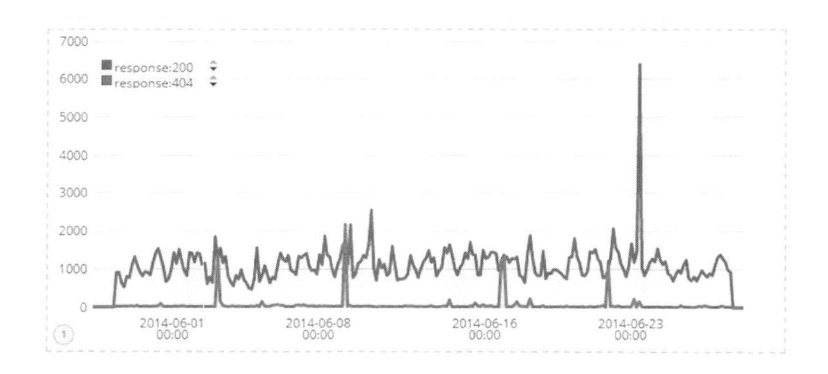

○ Dev Tools

Dev Tools メニューは、開発者向けの機能を提供するメニューです。現状では［Console］という機能のみが提供されています。この［Console］という機能は以前は"Sense"という別ツールで、Kibana のプラグインとして提供されていましたが、これが Kibana に統合されて標準で使うことができるようになりました（Figure 6-9）。

Figure 6-9　Console 機能で REST API を実行する

これまで本書では、Linux 端末上から curl コマンドで REST API を実行する手順を紹介してきま

したが、この［Console］機能を利用すれば、ブラウザ上から Elasticsearch に対して REST API を発行することができます。

curl コマンドと違い、実行先の Elasticsearch の URL とリクエストヘッダの指定は不要です。また、画面右側に出力されるレスポンスも見やすく整形されています。さらに、コマンド入力中に補完機能も働くため、API エンドポイント名やインデックス名を途中まで入力すれば、残り部分をサジェストしてくれます。［Console］機能を一度利用すると、curl 操作と比較してかなり効率的に操作できることが実感できるはずなので、ぜひ使ってみてください。

6-1-2 Logstash

Logstash は、さまざまなデータソースからのログやデータを、収集・加工・転送するためのツールです。Elasticsearch、Kibana と同様に Apache License 2.0 のライセンス形態のオープンソースソフトウェアです。Input、Filter、Output の 3 つのコンポーネントから構成されており、それぞれ順次処理を行ってデータ処理・転送を行います。Input、Filter、Output それぞれについて 200 を超えるプラグインが提供されており、幅広いシステムと連携できる点が特徴です (Figure 6-10)。

Figure 6-10 Logstash のアーキテクチャ概要図

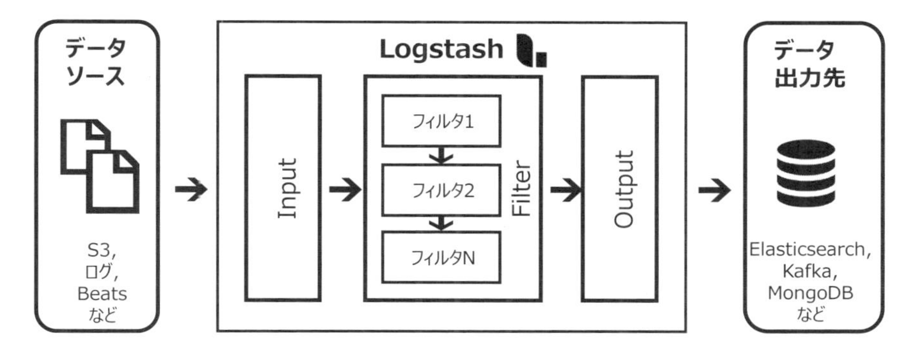

Input コンポーネントは、データソースからのデータ着信を監視して、受信したデータをもとにイベントデータを生成します。Filter コンポーネントは、イベントデータの変更、整形を行います。Output コンポーネントは、イベントデータを適切なフォーマットで外部システムへ受け渡す役割を持ちます。これに加えて、Input、Output では Codec と呼ばれるプラグインを付加的に利用することによりデータフォーマットの変換処理を行うこともできます。

現在提供されている各プラグインの情報は以下の URL から確認することが可能です。

● Input プラグイン

`https://www.elastic.co/guide/en/logstash/current/input-plugins.html`

● Filter プラグイン

`https://www.elastic.co/guide/en/logstash/current/filter-plugins.html`

● Output プラグイン

`https://www.elastic.co/guide/en/logstash/current/output-plugins.html`

● Codec プラグイン

`https://www.elastic.co/guide/en/logstash/current/codec-plugins.html`

Logstash では Input、Filter、Output という一連の処理パイプラインのデータ受け渡しをする際に内部キューを使いますが、デフォルトではこのキューはメモリ上に構成されます。もしもパイプライン処理の途中で Logstash が停止してしまうと、処理中のログデータは失われる可能性があります。このため Logstash 5.x から、キューをディスク上に永続化する Persistent Queue 機能が利用できるようになりました。Persistent Queue 機能を有効化すると、パイプライン処理中のデータはファイルに保存されて、不測の障害から処理中のデータを保護できるようになります。Persistent Queue の設定方法については後述します。

■ Logstash のインストール方法

Logstash をインストールする方法を以下に 2 つ紹介します。

（1）OS ごとのパッケージリポジトリからインストールする手順
（2）tar.gz ファイル（zip ファイル）を用いたインストール手順

■ OS ごとのパッケージリポジトリからインストールする手順

OS のパッケージリポジトリから専用のコマンドを使ってインストールを行います。

○ CentOS 7 への Logstash のインストール

Elasticsearch、Kibana とまったく同様の方法でインストールします。yum 用リポジトリおよび PGP 鍵ファイルは Elasticsearch と共通です。Operation 6-9 は、第 2 章の手順でリポジトリと PGP 鍵の設定が完了している前提での手順です。

Operation 6-9　yum を使ったインストール手順（CentOS 7）

```
$ sudo yum install logstash
$ sudo yum list installed | grep logstash
logstash.noarch                      1:6.2.1-1                    @elasticsea
rch-6.x
```

インストール後に Logstash の起動確認を行います。また、必要に応じて Logstash の自動起動の設定も行います (Operation 6-10)。ただし、Logstash を常時起動する際は、常に Logstash が入力イベントを待ち受けて処理を行う状態となります。その必要がなければ自動起動の設定を行う必要はありません。

Operation 6-10　systemctl を使った Logstash の起動と自動起動設定（CentOS 7）

```
$ sudo systemctl daemon-reload
$ sudo systemctl enable logstash.service ### 自動起動設定は必要に応じて行ってください
$ sudo systemctl start logstash.service
$ sudo systemctl status logstash.service
● logstash.service - logstash
   Loaded: loaded (/etc/systemd/system/logstash.service; enabled; vendor pr ...

   Active: active (running) since 水 2018-04-04 18:41:16 JST; 14s ago
 Main PID: 19701 (java)
   CGroup: /system.slice/logstash.service
           mq19701 /bin/java -Xms256m -Xmx1g -XX:+UseParNewGC -XX:+UseConcMar...

 4月 04 18:41:16 centos7-es005-sodo1 systemd[1]: Started logstash.
 4月 04 18:41:16 centos7-es005-sodo1 systemd[1]: Starting logstash...
...
```

systemctl status コマンドを実行することで、正常起動しているかどうかを確認できます。正常起動が確認できるまでには少し時間がかかることがあるので、時間を空けてから確認してください。

○ Ubuntu 16.04 への Logstash のインストール

Ubuntu でも同様に Elasticsearch がインストール済みであれば、単に apt-get コマンドを実行するのみでインストールが可能です。Operation 6-11 は、第 2 章の手順でリポジトリと PGP 鍵の設定が完了している前提での手順です。

Operation 6-11 apt-get コマンドを使ったインストール手順（Ubuntu 16.04）

```
$ sudo apt-get update && sudo apt-get install logstash
$ sudo dpkg -l | grep logstash
ii  logstash                            1:6.2.1-1
    all            An extensible logging pipeline
```

インストール後に Logstash の起動確認を行います。また、必要に応じて自動起動の設定も行います (Operation 6-12)。なお、Ubuntu 16.04 に apt-get で Logstash をインストールした際は、service コマンドでなく systemctl コマンドを用いてサービス管理を行う必要があるので、注意してください。

Operation 6-12 service を使った Logstash の起動と自動起動設定（Ubuntu 16.04）

```
$ sudo systemctl daemon-reload
$ sudo systemctl enable logstash.service ### 自動起動設定は必要に応じて行ってください
$ sudo systemctl start logstash.service
$ sudo systemctl status logstash.service
● logstash.service - logstash
   Loaded: loaded (/etc/systemd/system/logstash.service; enabled; vendor pr ...
   Active: active (running) since Wed 2018-04-04 13:41:54 UTC; 23s ago
 Main PID: 12404 (java)
    Tasks: 22
   Memory: 473.3M
      CPU: 44.399s
   CGroup: /system.slice/logstash.service
           mq12404 /usr/bin/java -Xms256m -Xmx1g -XX:+UseParNewGC -XX:+UseC ...
...
```

■ tar.gz ファイル（zip ファイル）を用いたインストール手順

tar.gz ファイル（zip ファイル）を用いた手順でも Elasticsearch と同様に、ファイルのダウンロードおよび解凍のみでインストールが完了します。Operation 6-13 に、tar.gz ファイルをダウンロード、解凍して、Logstash を起動する手順をまとめて紹介します。ここではバージョン 6.2.1 に対応したファイルをダウンロードしていますが、導入時点の最新バージョンのファイルをダウンロードするようにしてください。

Operation 6-13　tar.gz ファイルを使ったインストール手順

```
$ wget https://artifacts.elastic.co/downloads/logstash/logstash-6.2.1.tar.gz
$ tar xzf logstash-6.2.1.tar.gz
```

■ Logstash の基本設定

Logstash の基本的な設定は logstash.yml という設定ファイルに記載します（デフォルトでは、"/etc/logstash/"ディレクトリ以下にあります）。

Table 6-2 に主な設定項目を示します。前述した Persistent Queue 機能を有効化する際には、この設定ファイルを修正してください。

Table 6-2　Logstash の主な設定項目（logstash.yml）

パラメータ名	デフォルト値	設定内容
node.name	ホスト名	Logstash インスタンスの名前
path.data	/var/lib/logstash	Logstash がデータを保管する場所
path.logs	/var/log/logstash	ログファイルの出力先
log.level	info	ログレベル
queue.type	memory	内部キューをメモリとするかファイルとするかを設定。デフォルトはメモリ。Persistent Queue を利用する場合は"persisted"に変更
pipeline.workers	マシンのコア数	Filter/Output ステージで並列処理する数
pipeline.batch.size	125	Input が Filter/Output に送る前にイベントを一度に受け付ける数

■ Logstash の利用方法

Logstash を利用する際には、logstash.yml ファイルとは別に、処理パイプラインを定義した設定ファイルを準備して、これを実行時に指定します。これは Logstash がどのように入力、フィルタ、出力を処理するかを定義するための設定ファイルです。

ファイルには input 句、filter 句、output 句をそれぞれ定義します。Code 6-4 に簡単な定義例を示します。

Code 6-4　Logstash のパイプライン定義ファイル例（example-logstash.conf）

```
input {
  stdin { }
}
filter {
  grok {
    match => { "message" => "%{COMBINEDAPACHELOG}" }
  }
  date {
    match => [ "timestamp" , "dd/MMM/yyyy:HH:mm:ss Z" ]
    locale => "en"
  }
}
output {
  elasticsearch {
    hosts => ["localhost:9200"]
    index => "logtest-%{+YYYY.MM.dd}"
  }
  stdout {
    codec => rubydebug
  }
}
```

本書では各コンポーネントの定義方法の詳細な説明は割愛しますが、この例で定義している内容を簡単に説明します。詳しい説明は前述の各プラグインの説明を記した URL（p.254）を参照してください。

- ◇ input：データソースを定義する
  - ◆ stdin：標準入力をデータソースとする
- ◇ filter：フィルタ（イベントデータの処理方法）を定義する
  - ◆ grok：非構造的なイベントデータを正規表現によりパースして構造データ化するためのフィ

ルタ

+ match：指定したフィールドに対してパースを行います（上記例では"message"フィールド）

◆ date：指定されたフィールド文字列をパースして date 型フィールドに変換するためのフィルタ

+ match：指定したフィールドをパースして date 型に変換します

+ locale：日付文字列の locale を指定します（上記例では 20/Mar/2018 のように英語圏フォーマットのため"en"を指定）

◇ output：データ出力先を定義する

◆ elasticsearch：データを Elasticsearch にインデックスとして格納する

+ hosts：Elasticsearch のホスト名、ポート番号を指定します

+ index：格納する際のインデックス名を指定します（上記例のように今日の日付を変数として付加できます）

◆ stdout：標準出力にイベントデータを出力する

+ codec：入力/出力データを変換する（ここでは ruby の Awesome Print フォーマットに変換して見やすくしています）

ここでは、Apache のアクセスログフォーマットのデータを標準入力から取り込み、ログに含まれる各項目をパースして構造化された JSON フォーマットに整形した上で、localhost で起動する Elasticsearch へデータ格納する（および標準出力に構造データをデバッグ出力する）ためのパイプラインを定義しています。

このファイルを任意のファイル名（ここでは example-logstash.conf というファイル名を付けます）で作成して、Logstash の起動時に"-f"オプションの引数としてファイル名を渡します。

Note　logstash コマンドの実行ディレクトリ

bin/logstash コマンドは Logstash がインストールされたディレクトリ（例：yum/apt-get でインストールした場合であれば/usr/share/logstash/）から実行します。

Operation 6-14　Logstash の起動コマンド例（単体起動の場合）

```
$ cat sample.log  ### 任意の Apache アクセスログエントリ
```

```
123.45.67.89 - - [20/Mar/2018:10:25:50 +0900] "GET /index.html HTTP/1.1" 200 52
9 "-" "Mozilla/5.0 (compatible)"
$ cat sample.log | bin/logstash -f example-logstash.conf
...
{
           "verb" => "GET",
      "timestamp" => "20/Mar/2018:10:25:50 +0900",
       "response" => "200",
          "bytes" => "529",
       "referrer" => "\"-\"",
          "ident" => "-",
       "@version" => "1",
     "@timestamp" => 2018-03-20T01:25:50.000Z,
    "httpversion" => "1.1",
           "host" => "centos7-es005-sodo1",
          "agent" => "\"Mozilla/5.0 (compatible)\"",
        "message" => "123.45.67.89 - - [20/Mar/2018:10:25:50 +0900] \"GET /inde
x.html HTTP/1.1\" 200 529 \"-\" \"Mozilla/5.0 (compatible)\"",
           "auth" => "-",
       "clientip" => "123.45.67.89",
        "request" => "/index.html"
}
[INFO ] 2018-04-08 17:36:20.050 [[main]-pipeline-manager] pipeline - Pipeline h
as terminated {:pipeline_id=>"main", :thread=>"#<Thread:0x1e7ddb21@/usr/share/l
ogstash/logstash-core/lib/logstash/pipeline.rb:246 run>"}
```

このように標準入力を取り込んでLogstashを単体起動した場合は、標準入力の終端を検知してLogstashプロセスも終了します。

一方、サービスとしてLogstashを起動する場合には、常駐プロセスとして動作して、inputで定義されたデータソースからのデータ入力を待ち続けます。サービス起動する際にはパイプラインを定義した設定ファイルを"/etc/logstash/conf.d/"以下に配置しておき、systemctlコマンドによりサービス起動してください。

Column　Multiple Pipelineの使い方

Logstash 6.0からMultiple Pipelineという機能が利用できるようになりました。これは2つ以上のパイプラインをシンプルに定義することができる機能です。

これまでは、たとえば以下のように2つのパイプラインを定義したい場合であっても1つの設定ファイルにまとめて記載する必要がありました。

- パイプライン1：ファイルを読み込み、アクセスログの構造化処理を行い、Elasticsearchへ格納する
- パイプライン2：Beatsのデータを読み込み、突合処理を行い、MongoDBへ格納する

従来のLogstashの設定ファイル内では、この2つのパイプラインの識別を行うためにif/else文を使うといった工夫が必要でした。

Multiple Pipelineが導入されたことにより、それぞれのパイプラインを別々の定義ファイルに記載できるようになりました。"/etc/logstash/"以下のpipeline.ymlファイルにCode 6-5のように各パイプラインの名前とプロパティを設定し、"path.config"で指定したファイルにそれぞれのパイプライン定義の設定ファイルを記載します。

Code 6-5　LogstashのMultiple Pipeline定義ファイル例（pipeline.yml）

```
- pipeline.id: apache
  pipeline.workers: 8
  pipeline.batch size: 125
  queue.type: persisted
  path.config: "/etc/logstash/conf.d/apache.conf"
- pipeline.id: mongodb
  pipeline.workers: 2
  pipeline.batch.size: 2
  queue.type: memory
  path.config: "/etc/logstash/conf.d/mongodb.conf"
```

Multiple Pipelineを使うと、各パイプラインに対して個別にキュータイプやワーカ数、バッチサイズといった設定を行える点も便利です。より詳細な内容に興味があれば、以下に示すブログの説明も参考にしてみてください。

Introducing Multiple Pipelines in Logstash：
https://www.elastic.co/blog/logstash-multiple-pipelines

6-1-3　Beats

Beatsはメトリクスデータを収集、転送するための軽量データシッパーです。Logstashがプラグインアーキテクチャにより、さまざまな入出力に対応していたのとは対照的に、Beatsはデータソースごとに専用のエージェントをインストールして動作させます。また、LogstashはJava VM上で動作しますが、BeatsはGo言語で実装されておりフットプリントが小さく収まっています。

Beats はデータ発生元となるサーバに、直接エージェントをインストールして動作させます。現時点では以下の種類のエージェントがあり、集めたいデータに合わせてインストールして使うことができます。

- Filebeat：ログファイルの収集
- Metricbeat：サーバメトリクスの収集
- Packetbeat：ネットワークデータ（パケットデータ）の収集
- Winlogbeat：Windows イベントログの収集
- Heartbeat：稼働状況の収集
- Auditbeat：監査データの収集

Beats は、インストールしたサーバにできるだけ負荷を与えないように、収集したデータを Elasticsearch または Logstash に転送することだけを行います。もし、よりパース処理や変換処理など高度なデータ処理がしたい場合や、Beats がサポートしていない入出力データを扱いたい場合には、代わりに Logstash を使うようにします。

■ Beats のインストール方法（metricbeat）

ここではいくつかある Beats の一例として、サーバメトリクスの収集を行う metricbeat をインストールします。他の Beats もパッケージ名が異なる以外は同様の方法でインストール可能です。

なお、metricbeat は tar.gz や zip 形式のダウンロードが提供されていないため、以下では yum および apt-get でのインストール方法を紹介します。

○ CentOS 7 への metricbeat のインストール

Elasticsearch、Kibana、Logstash と同様に yum コマンドでインストールします。Operation 6-15 は、第2章の手順でリポジトリと PGP 鍵の設定が完了している前提での手順です。

Operation 6-15　yum を使ったインストール手順（CentOS 7）

```
$ sudo yum install metricbeat
$ sudo yum list installed | grep metricbeat
metricbeat.x86_64                    6.2.1-1                          @elasticsea
rch-6.x
```

インストール後に systemctl コマンドで起動します。さらに、必要に応じて自動起動の設定も行います（Operation 6-16）。

Operation 6-16　systemctl を使った metricbeat の起動と自動起動設定（CentOS 7）

```
$ sudo systemctl daemon-reload
$ sudo systemctl enable metricbeat.service ### 自動起動設定は必要に応じて行ってください
$ sudo systemctl start metricbeat.service
$ sudo systemctl status metricbeat.service
● metricbeat.service - metricbeat
   Loaded: loaded (/usr/lib/systemd/system/metricbeat.service; enabled; ven ...
   Active: active (running) since 水 2018-04-04 21:52:46 JST; 45min ago
     Docs: https://www.elastic.co/guide/en/beats/metricbeat/current/index.html
 Main PID: 20350 (metricbeat)
   CGroup: /system.slice/metricbeat.service
           mq20350 /usr/share/metricbeat/bin/metricbeat -c /etc/metricbeat/me...

 4月 04 21:52:46 centos7-es005-sodo1 systemd[1]: Started metricbeat.
 4月 04 21:52:46 centos7-es005-sodo1 systemd[1]: Starting metricbeat...
...
```

○ Ubuntu 16.04 への metricbeat のインストール

Ubuntu でも同様に、Elasticsearch がインストール済みであれば、単に apt-get コマンドを実行するのみでインストールが可能です。Operation 6-17 は、第 2 章の手順でリポジトリと PGP 鍵の設定が完了している前提での手順です。

Operation 6-17　apt-get コマンドを使ったインストール手順（Ubuntu 16.04）

```
$ sudo apt-get update && sudo apt-get install metricbeat
$ sudo dpkg -l | grep metricbeat
ii  metricbeat                              6.2.1
    amd64        Metricbeat is a lightweight shipper for metrics.
```

インストール後に metricbeat の起動確認を行います。また、必要に応じて自動起動の設定も行います (Operation 6-18)。

Operation 6-18　service を使った metricbeat の起動と自動起動設定（Ubuntu 16.04）

```
$ sudo update-rc.d metricbeat defaults 95 10
$ sudo service metricbeat start
$ sudo service metricbeat status
● metricbeat.service - metricbeat
   Loaded: loaded (/lib/systemd/system/metricbeat.service; disabled; vendor ...
   Active: active (running) since Wed 2018-04-04 13:45:23 UTC; 5s ago
     Docs: https://www.elastic.co/guide/en/beats/metricbeat/current/index.html
 Main PID: 13273 (metricbeat)
    Tasks: 10
   Memory: 12.5M
      CPU: 148ms
   CGroup: /system.slice/metricbeat.service
           mq13273 /usr/share/metricbeat/bin/metricbeat -c /etc/metricbeat/ ...
...
```

■ Beats の基本設定（metricbeat）

Beats の基本的な設定は、Beats ごとに異なります。ここでは例として metricbeat の設定方法を紹介します。metricbeat の基本設定は metricbeat.yml という設定ファイルに記載します（Code 6-6）（デフォルトでは"/etc/metricbeat/"ディレクトリ以下にあります）。

ここでは主に、メトリクスデータの出力先の設定について説明します。metricbeat で計測したデータの出力先の設定は、デフォルトではローカルホストの Elasticsearch（hosts パラメータの値が localhost:9200 となっている）に出力するように設定されています。

Code 6-6　metricbeat のデータ出力先の設定（metricbeat.yml）

```
...
#-------------------------- Elasticsearch output ------------------------------
output.elasticsearch:
  # Array of hosts to connect to.
  hosts: ["localhost:9200"]

  # Optional protocol and basic auth credentials.
  #protocol: "https"
  #username: "elastic"
  #password: "changeme"

#----------------------------- Logstash output --------------------------------
```

```
#output.logstash:
  # The Logstash hosts
  #hosts: ["localhost:5044"]
...
```

もし、外部の Elasticsearch へデータを送信したい場合は、"output.elasticsearch.hosts"の設定を localhost 以外のホスト名あるいは IP アドレスに変更してください。また、出力先を Elasticsearch から Logstash に変更したい場合は、"output.elasticsearch:"の行、および、その2行下の"hosts: ["localhost:9200"]"の行をコメントアウトして、代わりに"#output.logstash:"の行、および、その2行下の"#hosts: ["localhost"5044"]"の行をアンコメントアウトしてください（Logstash が外部にある場合は localhost のホスト名も変更します）。

Beats のモジュール設定（metricbeat）

metricbeat では、モジュールと呼ばれる単位でシステムの計測データ（メトリクス）を収集します。モジュールには、system と呼ばれるサーバ状態を計測するモジュールや、Apache、Nginx、Redis、PostgreSQL、MySQL のようなミドルウェアのメトリクスを収集するモジュール、また、Docker や Kubernetes のようなコンテナプラットフォームのメトリクスを収集するモジュールなど、さまざまなレイヤに対応したモジュールが提供されています[*3]。

metricbeat では利用したいモジュールごとに、収集したいメトリクスを設定ファイルで定義します。設定ファイルは、デフォルトでは"/etc/metricbeat/modules.d/"ディレクトリの下に作成します。

例として、デフォルトで計測される system モジュールの設定ファイル system.yml の記載内容を紹介します（Code 6-7）。

Code 6-7　metricbeat の system モジュールの定義ファイル例（system.yml）

```
...
- module: system
  period: 10s
  metricsets:
    - cpu
    - load
    - memory
```

＊3　各モジュールの一覧は以下の URL からも確認できます。
https://www.elastic.co/guide/en/beats/metricbeat/current/metricbeat-modules.html

```
      - network
      - process
      - process_summary
      #- core
      #- diskio
      #- socket
    processes: ['.*']
    process.include_top_n:
      by_cpu: 5      # include top 5 processes by CPU
      by_memory: 5   # include top 5 processes by memory
...
```

system モジュールの中で、metricsets 句で定義されたメトリクスが収集されることになります。この定義内容によって cpu、load、memory、network、process、process_summary の各項目が 10 秒置きに計測されるようになります。これらの設定ファイルを変更した場合は"systemctl restart metricbeat"(CentOS 7)、もしくは、"service metricbeat restart"(Ubuntu 16.04)にて metricbeat の再起動を行ってください。

■ Beats の Kibana ダッシュボードの連携設定（metricbeat）

metricbeat は、Elasticsearch に格納したメトリクスデータを Kibana ダッシュボードですぐに可視化できるようにするため、Visualize と Dashboard のオブジェクトを定義した JSON ファイルがあらかじめ提供されています。この JSON ファイルは、Operation 6-19 のコマンドで Kibana にインポートすることができます。Kibana と連携を行う際には、事前にこの手順を実行しておいてください。

Operation 6-19　metricbeat と Kibana ダッシュボードを連携するためのインポートコマンド

```
$ sudo metricbeat setup --dashboards
Loaded dashboards
```

このセットアップを行っておくことで、Kibana の［Dashboard］メニューから、metricbeat 用のダッシュボードが複数表示され、任意のダッシュボードを選択できるようになります。

■ Beats の利用方法（metricbeat）

metricbeat が起動してしばらく経過すると、システムの CPU やメモリ、プロセスなどのメトリクス情報が Elasticsearch に格納されます。metricbeat が生成するインデックス名は、デフォルトでは"metricbeat-<version>-<YYYY.MM.DD>"となります。もしインデックスが不要となった場合には、DELETE メソッドを使い削除することも可能です。

Kibana UI へアクセスし、［Dashboard］メニューをクリックすると、先ほど metricbeat setup コマンドでインポートされたダッシュボードが複数表示されていることがわかります。ここでは、先ほど設定した system モジュールに対応した"[Metricbeat System] Host overview"という名前のダッシュボードを選択します。すると、metricbeat が Elasticsearch に格納したメトリクスデータをもとに、ホスト OS の CPU、メモリ、ディスクなどの情報を表す Kibana ダッシュボードが表示されます。Time Picker の設定で自動リフレッシュを ON にしておけば、ホスト OS の情報が逐次アップデートされますので、Kibana の画面からシステム監視を行うことが可能になります。

Figure 6-11　Metricbeat を使った Kibana ダッシュボード構成の例

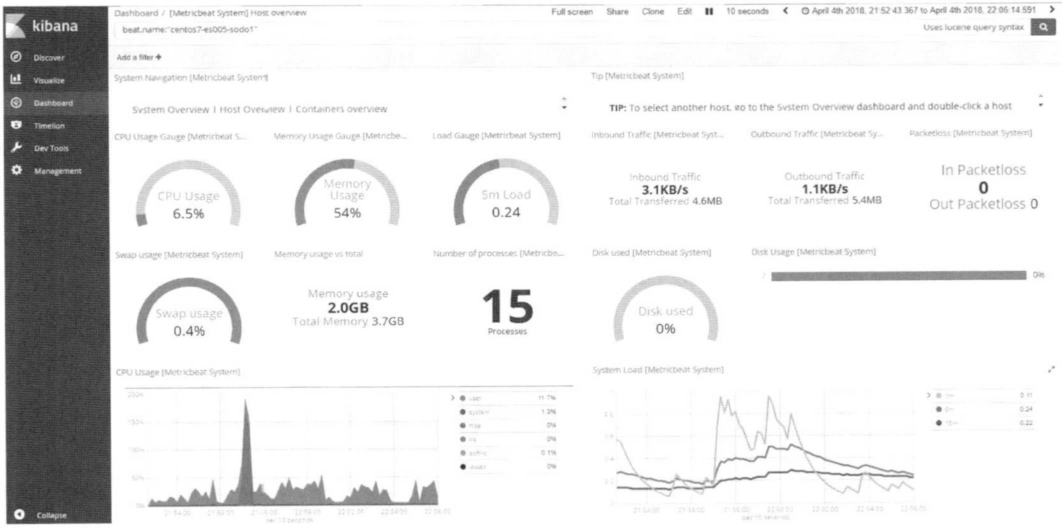

今回は、1 つの例としてサーバやミドルウェアのメトリクスを計測、収集する metricbeat の導入、設定、利用方法を紹介しました。この他の Beats も同様にして簡単に使い始めることができるので、ぜひ興味のある Beats を試してみてください。

6-2　X-Pack の活用

本節では、X-Pack の概要について説明します。X-Pack は Elastic Stack の機能に加えて、さらにセキュリティ、アラート、モニタリング、レポート、グラフ、機械学習の各機能を単一のパッケージとしてまとめた拡張機能です。これらの機能については 1 つの X-Pack パッケージをインストールするだけですべてまとめて導入できるようになっており、各機能を利用するかどうかについては機能ごとに有効化、無効化を設定できます。

また、Apache License 2.0 のオープンソースソフトウェアである Elastic Stack とは別に、X-Pack は Elastic 社の EULA（使用許諾契約）に従った商用サブスクリプションのプラグインとして提供されています。利用に当たっては年間サブスクリプション契約が必要となります*4。

また、Elastic Stack 6.3 からは X-Pack のコードも公開されることが発表されました。ただし、公開されていても Basic 以外は有償サブスクリプションであることには変わりません。

Note　X-Pack を利用する前提条件

X-Pack を利用するためには事前に Elasticsearch および Kibana がインストールされていることが前提となります。オプションで Logstash の X-Pack も導入する場合には Logstash もインストールしておく必要があります。また、導入する X-Pack のバージョンは事前導入済みの Elasticsearch、Kibana、Logstash と同じバージョンに合わせる必要があるので注意してください。

6-2-1　X-Pack の機能の概要

ここでは各機能の概要を簡単に紹介します。Monitoring 機能については「6-2-3　Monitoring 機能の利用方法」で具体的な利用方法の紹介も行います。

■ Security

Security は、以前「Shield」と呼ばれていたプラグインです。Elasticsearch へのアクセスに認証と認可の仕組みを導入することができます。さらに、通信チャネルを TLS/SSL によりセキュアにす

＊4　X-Pack サブスクリプションのうち、Basic は登録を行うだけで無償利用できます。ただし、利用できる機能には制限があります。詳細は以下の URL を参照してください。
https://www.elastic.co/jp/subscriptions

る機能、SSLハンドシェイクにより許可されたノードのみがクラスタに参加できる機能、IPフィルタリングによるアクセス設定機能、操作ログをトラッキングするための監査証跡機能なども含まれます。

認証と認可の要件は、エンタープライズでの利用において重視されることがよくあります。Security機能では、外部のLDAP/ADと連携することもできますし、ユーザにロールを割り当てて、ロールごとにクラスタ操作権限を細かく設定したり、インデックス操作に関しても、操作可能なインデックス、取得可能なフィールド名、クエリ時に適切な絞り込みを設定する、といったきめ細かい制御が可能となります。

■ Watcher

Watcherは、Elasticsearchクラスタやインデックスおよび格納されるドキュメントを監視して、設定された条件を満たした場合に特定のアクションを実行する機能です。たとえば、LogstashやBeatsで定期的にログやシステム情報をElasticsearchへ格納しながら、格納されたログやシステム状態をWatcherで監視する、という使い方が可能です。

Watcherの構成は、以下の4種類の設定により行われます。

●トリガー

トリガーは、監視プロセスをどのタイミングで実行するかを定義する項目です。毎日何時何分に起動、何分ごとのインターバルで起動、といった設定を行います。

●インプット

インプットは、データ取得方法を定義する項目です。トリガーで監視プロセスが起動した際に、Elasticsearchにクエリを投げるか、あるいは外部サービスにhttpリクエストを投げることでデータを取得します。

●コンディション

インプットで取得したデータを、コンディションで指定した条件により評価します。コンディションで指定した条件を満たした場合に、次で説明するアクションを発動します。

●アクション

アクションでは、コンディションが`"true"`と評価された場合に実行する動作を定義します。ログファイルへ書き込む、Elasticsearchにインデックスを格納する、メールを送信する、Slack・

HipChat・PagerDuty へ通知を送る、外部 Web サービスへリクエストを投げる、といったアクションを設定することができます。

例として、Operation 6-20 に、Logstash が格納するインデックスデータを 30 秒おきに監視して、メッセージに"error"という文字が含まれていた場合に、ログファイルにエラー件数を書き込む、という Watcher の定義例を示します。各設定内容の説明は割愛しますが、ここでは、上記の 4 つの定義が JSON フォーマットで記述されています。

このように定期的に行う運用状況の確認タスクを Watcher で定義することで、オペレータが常に Kibana を見張るといった、手動による運用の負荷を大幅に軽減することができます。ぜひ参考にしてください。

Operation 6-20　Watcher の構成の例

```
$ curl -XPUT 'http://localhost:9200/_xpack/watcher/watch/log_error_watch' \
-H 'Content-Type: application/json' -d'
{
  "trigger" : { "schedule" : { "interval" : "30s" }},
  "input" : {
    "search" : {
      "request" : {
        "indices" : [ "logstash*" ],
        "body" : {
          "query" : {
            "match" : { "message": "error" }
          }
        }
      }
    }
  },
  "condition" : {
    "compare" : { "ctx.payload.hits.total" : { "gt" : 0 }}
  },
  "actions" : {
    "log_error" : {
      "logging" : {
        "text" : "Found {{ctx.payload.hits.total}} errors in the logs"
      }
    }
  }
}'
```

■ Monitoring

Monitoring は、以前「Marvel」と呼ばれていたプラグインで、Elastic Stack の状態やパフォーマンスを Kibana UI から監視する機能を提供します。有償サブスクリプションである X-Pack の中でも、この Monitoring 機能は無償の Basic サブスクリプションでも利用できます。ただし、Basic の場合には監視できるクラスタ数が 1 つのみとなります。

Monitoring 機能を有効化することで、Elasticsearch のクラスタ、ノード単位の状況監視やインデックス単位の状況・性能監視、Kibana のアクセス状況・性能監視、Logstash のデータ格納状況・性能監視などが行えます。

Monitoring の利用方法については 6-2-3 節でも紹介します。

■ Reporting

Reporting は Kibana で構成した Visualize オブジェクトや Dashboard を PDF フォーマットでダウンロードする機能です。使い方は、Visualize や Dashboard の画面の右上に`"Reporting"`というリンクが表示されるので、そこをクリックします。また、この機能で出力した PDF は後から［Management］＞［Kibana］＞［Reporting］メニューからダウンロードすることができます。

■ Graph

Graph は、Elasticsearch に格納したデータ間の関連性を、グラフィカルに表示する機能です。検索条件を指定する通常のクエリとは少し異なり、「**つながり**」を見つけるための、いわゆるグラフ検索を行うことができます。利用例としては、あるアイテムを購入している購入者同士の「つながり」を見つけて商品をレコメンドする、特定の技術にかかわりのある企業とその「つながり」を一度に検索するといったような使い方が可能です。

従来は、グラフ検索は各ノードとノードをつなぐリレーションと呼ばれるデータを格納したグラフデータベースが用いられることが多いのですが、この Graph 機能を用いると Elasticsearch でも同じような分析が行えます。

■ Machine Learning

Machine Learning は、以前「Prelert」と呼ばれる別プロダクトだったものが、Elastic 社の買収により X-Pack に統合された機能です。Machine Learning 機能を使うと、Elasticsearch に格納された時系列データをもとに、機械学習を用いた異常検知を行うことができます。機械学習には大きく分類して「**教師あり**」と「**教師なし**」の2種類の学習方法があります。「教師あり」の機械学習とは、機械が学習をする際に元データと合わせて「**正解**」となるラベルデータをセットで与える学習方法です。「教師なし」の機械学習とは、「正解」となるデータを与えずに時系列データの過去の傾向を学習する方法であり、自律的に識別能力を獲得します。

サンプルデータの投入方法から異常検知を実行する例として、脚注に示したElastic社のブログが参考になります[*5]。

6-2-2　X-Packのインストール方法

X-Packは、事前にインストール済みのElasticsearch、Kibana、Logstashに対してプラグイン形式でインストールを行います。ここでは、「6-1　Elastic Stack」に記載の手順でこれらのソフトウェアがすでにインストール済みである前提で、導入手順を紹介します。なお、詳細な手順については脚注に示したガイドを参考にしてください[*6]。

インストールは大きく分けて次の5つの手順を実施します。なお、Logstashをインストールしていない環境では（4）の手順はスキップしてください。

（1）ElasticsearchのX-Packプラグインのインストール
（2）初期パスワード設定
（3）KibanaのX-Packプラグインのインストール
（4）LogstashのX-Packプラグインのインストール
（5）各機能の有効化・無効化の設定

以下で具体的な手順について説明します。

■ ElasticsearchのX-Packプラグインのインストール

Elasticsearchでプラグインをインストールするために使われるelasticsearch-pluginコマンドを利用してインストールします。このとき、事前にElasticsearchは停止しておいてください。elasticsearch-pluginコマンドを実行すると、内部でインストーラファイルをダウンロードし、そのファイルを解凍して自動的にインストールタスクが実行されます。途中で2回、インストール続行に

＊5　ニューヨーク市のタクシー乗降データでMachine Learningを体験する
`https://www.elastic.co/jp/blog/experiencing-machine-learning-with-nyc-taxi-dataset`

＊6　Installing X-Pack
`https://www.elastic.co/guide/en/x-pack/current/installing-xpack.html`

ついての確認が行われますが、両方とも"y"を入力してください。これはX-PackがJVMにおける標準的なセキュリティを拡張した使われ方をするために、ユーザに確認する事項となっているものです。

Operation 6-21　Elasticsearch 用 X-Pack インストール手順

```
$ sudo systemctl stop elasticsearch
$ cd /usr/share/elasticsearch   ### Elasticsearch のホームディレクトリ
$ sudo bin/elasticsearch-plugin install x-pack
-> Downloading x-pack from elastic
[=================================================] 100%
@@@@@@@@@@@@@@@@@@@@@@@@@@@@@@@@@@@@@@@@@@@@@@@@@@@@@@@@@@@
@     WARNING: plugin requires additional permissions     @
@@@@@@@@@@@@@@@@@@@@@@@@@@@@@@@@@@@@@@@@@@@@@@@@@@@@@@@@@@@
* java.io.FilePermission \\.\pipe\* read,write
* java.lang.RuntimePermission accessClassInPackage.com.sun.activation.registries
* java.lang.RuntimePermission getClassLoader
* java.lang.RuntimePermission setContextClassLoader
* java.lang.RuntimePermission setFactory
* java.net.SocketPermission * connect,accept,resolve
* java.security.SecurityPermission createPolicy.JavaPolicy
* java.security.SecurityPermission getPolicy
* java.security.SecurityPermission putProviderProperty.BC
* java.security.SecurityPermission setPolicy
* java.util.PropertyPermission * read,write
See http://docs.oracle.com/javase/8/docs/technotes/guides/security/permissions
.html
for descriptions of what these permissions allow and the associated risks.

Continue with installation? [y/N] y  (y を入力)
@@@@@@@@@@@@@@@@@@@@@@@@@@@@@@@@@@@@@@@@@@@@@@@@@@@@@@@@@@@
@        WARNING: plugin forks a native controller        @
@@@@@@@@@@@@@@@@@@@@@@@@@@@@@@@@@@@@@@@@@@@@@@@@@@@@@@@@@@@
This plugin launches a native controller that is not subject to the Java
security manager nor to system call filters.

Continue with installation? [y/N] y  (y を入力)
-> Installed x-pack with: x-pack-core,x-pack-deprecation,x-pack-graph,x-pack-lo
gstash,x-pack-ml,x-pack-monitoring,x-pack-security,x-pack-upgrade,x-pack-watche
r
$ sudo systemctl start elasticsearch
```

Note　インストール先のディレクトリ

環境によっては異なるディレクトリの場合もありますが、CentOS 7 および Ubuntu 16.04 でパッケージインストールした場合はデフォルトで/usr/share/elasticsearch/となります。

もしお手元の環境が、直接インターネット接続できずにプロキシ経由で外部アクセスする環境の場合には、インストーラパッケージファイルを事前にダウンロードしておき、オフラインインストールする方法もあります。

Operation 6-22 のように wget コマンドや curl コマンドを用いてローカル環境に X-Pack インストーラファイルをダウンロードしておきます（wget コマンドや curl コマンドはプロキシ設定が行われており、プロキシ経由でインストーラファイルがダウンロードできることを想定しています）。

そして、elasticsearch-plugin コマンド実行時に、引数として、ダウンロードしたファイルのパスを指定することでオフラインインストールが実行されます。

この際、ダウンロードするファイルには X-Pack のバージョン番号が振られているので、事前に導入済みの Elasticsearch と同じバージョン番号のファイル名を指定する点に注意してください（以下の手順では、Elasticsearch 6.2.1 に対応した X-Pack を導入する例を示しています）。

Note　X-Pack インストーラファイル

この X-Pack インストーラファイルは Elasticsearch、Kibana、Logstash で共通のファイルとなるので、一度ダウンロードしておけば、すべてこのファイルを使いオフラインインストールが可能です。

Operation 6-22　Elasticsearch 用 X-Pack インストール手順（オフラインインストール）

```
$ sudo systemctl stop elasticsearch
$ curl https://artifacts.elastic.co/downloads/packs/x-pack/x-pack-6.2.1.zip > \
/tmp/x-pack-6.2.1.zip
$ cd /usr/share/elasticsearch
$ sudo bin/elasticsearch-plugin install file:///tmp/x-pack-6.2.1.zip
-> Downloading file:///tmp/x-pack-6.2.1.zip
[=================================================] 100%
@@@@@@@@@@@@@@@@@@@@@@@@@@@@@@@@@@@@@@@@@@@@@@@@@@@@@@@@@@@@@
```

```
@     WARNING: plugin requires additional permissions     @
@@@@@@@@@@@@@@@@@@@@@@@@@@@@@@@@@@@@@@@@@@@@@@@@@@@@@@@@@@@@
* java.io.FilePermission \\.\pipe\* read,write
* java.lang.RuntimePermission accessClassInPackage.com.sun.activation.registries
* java.lang.RuntimePermission getClassLoader
* java.lang.RuntimePermission setContextClassLoader
* java.lang.RuntimePermission setFactory
* java.net.SocketPermission * connect,accept,resolve
* java.security.SecurityPermission createPolicy.JavaPolicy
* java.security.SecurityPermission getPolicy
* java.security.SecurityPermission putProviderProperty.BC
* java.security.SecurityPermission setPolicy
* java.util.PropertyPermission * read,write
See http://docs.oracle.com/javase/8/docs/technotes/guides/security/permission
s.html
for descriptions of what these permissions allow and the associated risks.

Continue with installation? [y/N] y （yを入力）
@@@@@@@@@@@@@@@@@@@@@@@@@@@@@@@@@@@@@@@@@@@@@@@@@@@@@@@@@@@@
@        WARNING: plugin forks a native controller        @
@@@@@@@@@@@@@@@@@@@@@@@@@@@@@@@@@@@@@@@@@@@@@@@@@@@@@@@@@@@@
This plugin launches a native controller that is not subject to the Java
security manager nor to system call filters.

Continue with installation? [y/N] y （yを入力）
-> Installed x-pack with: x-pack-core,x-pack-deprecation,x-pack-graph,x-pack-lo
gstash,x-pack-ml,x-pack-monitoring,x-pack-security,x-pack-upgrade,x-pack-watche
r
$ sudo systemctl start elasticsearch
```

■初期パスワード設定

ElasticsearchのX-Packをインストールしたら、最初に行うのが初期パスワードの設定です。初期パスワードの設定を行わないとElasticsearchへのアクセスがすべて認証エラーとなってしまうため、忘れずに実行してください。Operation 6-23のコマンドはElasticsearchが稼働中に実行する必要があるので、Elasticsearchが停止している場合は先に起動してください。

初期パスワードを設定するユーザは、"elastic"、"kibana"、"logstash_system"の3つです。プロンプトでパスワードの入力が求められるので、それぞれについてパスワードを設定してください。

Operation 6-23　X-Pack の初期パスワード設定

```
$ cd /usr/share/elasticsearch
$ sudo bin/x-pack/setup-passwords interactive
Initiating the setup of passwords for reserved users elastic,kibana,logstash_sy
stem.
You will be prompted to enter passwords as the process progresses.
Please confirm that you would like to continue [y/N] y （yを入力）


Enter password for [elastic]: ****** （パスワードを入力）
Reenter password for [elastic]: ****** （再度パスワードを入力）
Enter password for [kibana]: ****** （パスワードを入力）
Reenter password for [kibana]: ****** （再度パスワードを入力）
Enter password for [logstash_system]: ****** （パスワードを入力）
Reenter password for [logstash_system]: ****** （再度パスワードを入力）
Changed password for user [kibana]
Changed password for user [logstash_system]
Changed password for user [elastic]
```

初期パスワードが設定できたら、設定済みのユーザ名、パスワードでアクセスできることを確認しましょう。

一番簡単な方法は、Operation 6-24 のように、curl コマンドに「-u」オプションでユーザ名、パスワードを指定して localhost の 9200 番ポートへアクセスしてみることです。

Operation 6-24　初期パスワード設定後の動作確認

```
$ curl -u elastic:****** -XGET http://localhost:9200?pretty
{
  "name" : "DeQbDmd",
  "cluster_name" : "elasticsearch",
  "cluster_uuid" : "Yz2sJ1n3Ra2zAjNnyRpolw",
  "version" : {
    "number" : "6.2.1",
    "build_hash" : "7299dc3",
    "build_date" : "2018-02-07T19:34:26.990113Z",
    "build_snapshot" : false,
    "lucene_version" : "7.2.1",
    "minimum_wire_compatibility_version" : "5.6.0",
    "minimum_index_compatibility_version" : "5.0.0"
  },
```

```
  "tagline" : "You Know, for Search"
}
```

なお、初期パスワード設定後からは、上記のようにユーザ名、パスワードの指定が必須となります。もし指定がされていない場合、Operation 6-25 のように認証エラーとなりますので注意してください。

Operation 6-25　ユーザ名・パスワードを指定しない場合の認証エラーの例

```
$ curl -XGET http://localhost:9200?pretty
{
  "error" : {
    "root_cause" : [
      {
        "type" : "security_exception",
        "reason" : "missing authentication token for REST request [/?pretty]",
        "header" : {
          "WWW-Authenticate" : "Basic realm=\"security\" charset=\"UTF-8\""
        }
      }
    ],
    "type" : "security_exception",
    "reason" : "missing authentication token for REST request [/?pretty]",
    "header" : {
      "WWW-Authenticate" : "Basic realm=\"security\" charset=\"UTF-8\""
    }
  },
  "status" : 401
}
```

■ Kibana の X-Pack プラグインのインストール

Kibana では、プラグインをインストールするために kibana-plugin コマンドを利用します。このとき、事前に Kibana は停止しておいてください。elasticsearch-plugin コマンドと同様に、インストーラファイルをダウンロードしてインストールが実行されます。なお、Kibana の X-Pack インストールでは、optimize というディレクトリを kibana ユーザで作成する必要があるため、「sudo -u kibana」として kibana ユーザで実行する点に注意してください。

X-Pack のインストール完了後に Kibana へアクセスすると、最初にログイン画面が表示されるようになります。ここでは、初期パスワードで設定した elastic ユーザとそのパスワードを入力するようにしてください（kibana ユーザではない点に注意してください）。

Operation 6-26　Kibana 用 X-Pack インストール手順

```
$ sudo systemctl stop kibana
$ cd /usr/share/kibana   ### Kibanaのホームディレクトリ
$ sudo -u kibana bin/kibana-plugin install x-pack
Attempting to transfer from x-pack
Attempting to transfer from https://artifacts.elastic.co/downloads/kibana-plu
gins/x-pack/x-pack-6.2.1.zip
Transferring 264988487 bytes...................
Transfer complete
Retrieving metadata from plugin archive
Extracting plugin archive
Extraction complete
Optimizing and caching browser bundles...
Plugin installation complete
$ sudo systemctl start kibana
```

Note　Kibana 用 X-Pack プラグインのインストール先

環境によっては異なるディレクトリの場合もありますが、CentOS 7 および Ubuntu 16.04 でパッケージインストールした場合はデフォルトで/usr/share/kibana/となります。

また、お手元の環境が、直接インターネット接続できずにプロキシ経由で外部アクセスする環境の場合は、オフラインインストールを行ってください。この際、ダウンロードするファイルには X-Pack のバージョン番号が振られていますので、事前に導入済みの Kibana と同じバージョン番号のファイル名を指定する点に注意してください（Operation 6-27 の手順では、Kibana 6.2.1 に対応した X-Pack を導入する例を示しています）。

Operation 6-27　Kibana 用 X-Pack インストール手順（オフラインインストール）

```
$ sudo systemctl stop kibana
$ curl https://artifacts.elastic.co/downloads/packs/x-pack/x-pack-6.2.1.zip > \
/tmp/x-pack-6.2.1.zip ### すでにダウンロード済であればスキップできます
$ cd /usr/share/kibana   ### Kibana のホームディレクトリ
$ sudo -u kibana bin/kibana-plugin install file:///tmp/x-pack-6.2.1.zip
Attempting to transfer from file:///tmp/x-pack-6.2.1.zip
Transferring 264988487 bytes....................
Transfer complete
Retrieving metadata from plugin archive
Extracting plugin archive
Extraction complete
Optimizing and caching browser bundles...
Plugin installation complete
$ sudo systemctl start kibana
```

■ Logstash の X-Pack プラグインのインストール

Logstash も、他と同様にプラグインをインストールするために logstash-plugin コマンドを利用します。こちらもオフラインによるインストールが可能です。オフラインインストールの場合には、事前に導入済みの Logstash と同じバージョン番号のファイル名を指定する点に注意してください（Operation 6-28 の手順では、Logstash 6.2.1 に対応した X-Pack を導入する例を示しています）。

Operation 6-28　Logstash 用 X-Pack インストール手順

```
$ cd /usr/share/logstash   ### Logstash のホームディレクトリ†
$ sudo bin/logstash-plugin install x-pack
Downloading file: https://artifacts.elastic.co/downloads/logstash-plugins/x-p
ack/x-pack-6.2.1.zip
Downloading [=============================================================] 100%
Installing file: /tmp/studtmp-d57ca218a70a676d36bf3ff4a912f40e4bbebddefa8f54395
3008770a185/x-pack-6.2.1.zip
Install successful
```

Note　Logstash 用 X-Pack プラグインのインストール先

環境によっては異なるディレクトリの場合もありますが、CentOS 7 および Ubuntu 16.04 でパッケージインストールした場合はデフォルトで/usr/share/logstash/となります。

Operation 6-29　Logstash 用 X-Pack インストール手順（オフラインインストール）

```
$ curl https://artifacts.elastic.co/downloads/packs/x-pack/x-pack-6.2.1.zip >\
/tmp/x-pack-6.2.1.zip ### すでにダウンロード済であればスキップできます
$ cd /usr/share/logstash  ### Logstash のホームディレクトリ
$ sudo bin/logstash-plugin install file:///tmp///x-pack-6.2.1.zip
WARNING: A maven settings file already exist at /root/.m2/settings.xml, please
review the content to make sure it include your proxies configuration.
Installing file: /tmp/x-pack-6.2.1.zip
Install successful
```

○各機能の有効化・無効化の設定

X-Pack をインストールすると、デフォルトではすべての機能が有効化されています。X-Pack では各機能単位で有効・無効を切り替えることができます。以下では、Elasticsearch、Kibana、Logstash それぞれの設定方法を紹介します*7。

■ Elasticsearch の X-Pack 有効化・無効化設定

Elasticsearch の設定ファイル elasticsearch.yml を編集して、Code 6-8 のモジュールに対して、有効化・無効化を設定できます。デフォルト値は有効（true）なので、無効化したい場合のみ変更が必要です。また Machine Learning モジュールを有効化する場合には、"node.ml"パラメータを設定して Machine Learning ジョブをこのノード上で実行するかどうかも、指定することが可能です。

設定ファイル変更後は Elasticsearch を再起動してください。

＊7　詳細は以下の URL の説明を参照してください。
https://www.elastic.co/guide/en/x-pack/current/xpack-settings.html

Code 6-8　Elasticsearch の X-Pack 有効化・無効化の設定例

```
### true の場合、Machine Learning モジュールを有効化する
xpack.ml.enabled: true
### true の場合、このノードが Machine Learning ジョブを実行ノードとなる
node.ml: true
### true の場合、Monitoring モジュールを有効化する
xpack.monitoring.enabled: true
### true の場合、Security モジュールを有効化する
xpack.security.enabled: true
### true の場合、Watcher モジュールを有効化する
xpack.watcher.enabled: true
```

■ Kibana の X-Pack 有効化・無効化設定

Kibana の設定ファイル kibana.yml を編集して、Code 6-9 のモジュールに対して有効化・無効化を設定できます。デフォルト値は有効（true）なので、無効化したい場合のみ変更が必要です。また、X-Pack の Security モジュールを利用する場合は、Kibana から Elasticsearch へアクセスするための認証情報も設定する必要があります。これは前述の初期パスワード設定で指定した kibana アカウントを用います。

設定ファイル変更後は Kibana を再起動してください。

Code 6-9　Kibana の X-Pack 有効化・無効化の設定例

```
### true の場合、APM（アプリケーション性能監視）モジュールの UI を有効化する
xpack.apm.ui.enabled: true
### true の場合、Development Tools メニューから Grok debugger が利用可能になる
xpack.grokdebugger.enabled: true
### true の場合、Development Tools メニューから Search Profiler が利用可能になる
xpack.searchprofiler.enabled: true
### true の場合、Graph モジュールを有効化する
xpack.graph.enabled: true
### true の場合、Machine Learning モジュールを有効化する
xpack.ml.enabled: true
### true の場合、Monitoring モジュールを有効化する
xpack.monitoring.enabled: true
### true の場合、Reporting モジュールを有効化する
xpack.reporting.enabled: true
### true の場合、Security モジュールを有効化する
xpack.security.enabled: true
### Kibana から Elasticsearch へアクセスするための認証情報
```

```
elasticsearch.username: "kibana"
elasticsearch.password: "******"
```

■ Logstash の X-Pack 有効化・無効化設定

Logstash の設定ファイル logstash.yml を編集して、Code 6-10 のモジュールに対して有効化・無効化を設定できます。デフォルト値は有効（true）なので、無効化したい場合のみ変更が必要です。また Kibana と同様に、Logstash から Elasticsearch へ Monitoring 情報を送信する際の認証情報も設定する必要があります。これは前述の初期パスワード設定で指定した logstash_system アカウントを用います。

設定ファイル変更後は Logstash を再起動してください。

Code 6-10　Logstash の X-Pack 有効化・無効化の設定例

```
xpack.monitoring.enabled: true        ### true の場合、Monitoring モジュールを有効化する
xpack.security.enabled: true          ### true の場合、Security モジュールを有効化する
### Logstash から Elasticsearch へアクセスするための認証情報
xpack.monitoring.elasticsearch.url: http://<Elasticsearchのホスト名>:9200
xpack.monitoring.elasticsearch.username: "logstash_system"
xpack.monitoring.elasticsearch.password: "******"
```

6-2-3　Monitoring 機能の利用方法

ここでは Basic サブスクリプションでも利用できる Monitoring 機能の利用方法を紹介します。

事前に設定ファイルで Monitoring 機能（"xpack.monitoring.enabled"パラメータ）が有効化されていることを確認してください。

Kibana の Monitoring メニューをクリックすると、Elasticsearch、Kibana（Logstash にも X-Pack をインストールしている場合は Logstash）それぞれの監視メニュー画面が表示されます。

Elasticsearch では、クラスタ、ノード、インデックスのそれぞれについて監視画面を表示することができます（Figure 6-12、Figure 6-13）。特に、クエリやインデックス格納のアクセス頻度やレスポンスタイムをチャートで確認することができるため、負荷が逼迫しているかどうかを簡単に可視化することができます。

Figure 6-12　Elasticsearch クラスタの監視画面

Figure 6-13　Elasticsearch ノードの監視画面

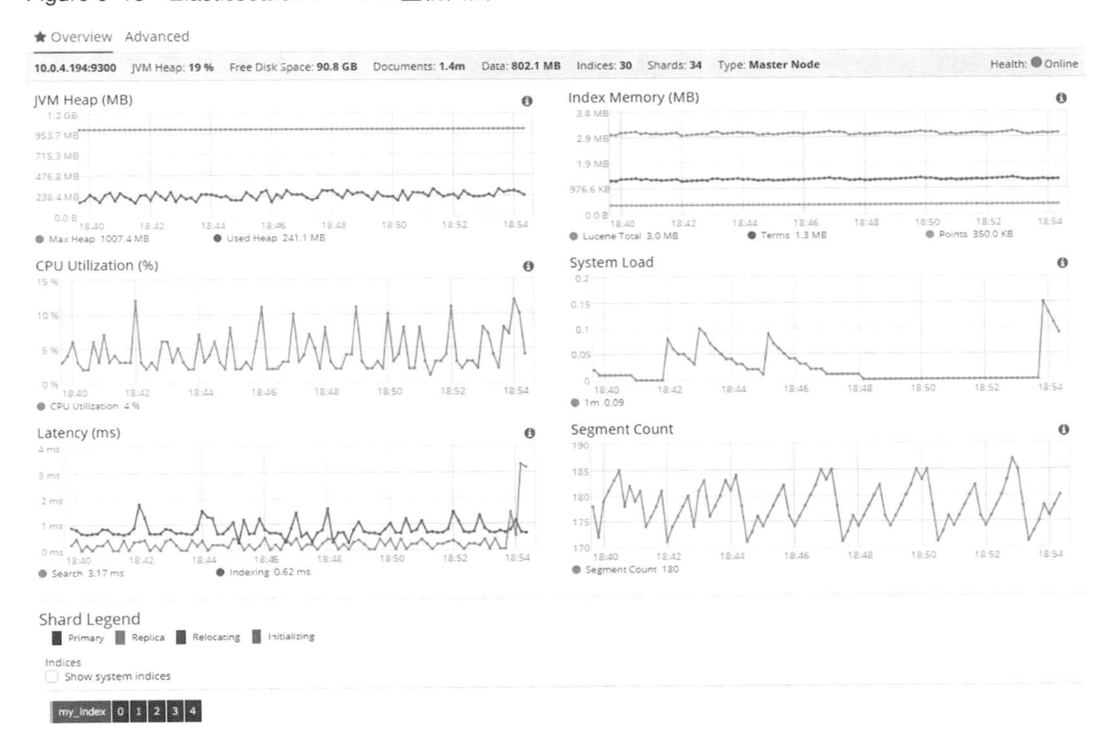

また、Kibana でも同様に監視画面を表示することができます (Figure 6-14)。アクセス頻度やレスポンスタイムの他、ノードごとの統計情報として、CPU・メモリ負荷や Kibana インスタンスへ

のコネクション接続数や応答時間などのデータも確認することが可能です。

Figure 6-14 Kibana ノードの監視画面

Monitoring 機能は、Elastic Stack 環境の正常性を確認する上で非常に有用なツールです。また監視項目についても、Elastic Stack を運用する上で必要となる項目が一通り揃っているので、監視項目の検討を一から行う手間も省くことができる点もメリットと言えるでしょう。Basic サブスクリプションでも利用ができるので、ぜひ導入を検討してみてはいかがでしょうか。

6-3 まとめ

本章では、Elasticsearch とともに組み合わせて使うことのできるソフトウェアスタック Elastic Stack について説明しました。幅広いデータソースからデータを取り込み、検索、可視化、分析を行うために、本章で説明した Kibana、Logstash、Beats が大いに活用できるでしょう。そして X-Pack により、セキュリティ、アラート、モニタリング、レポート、グラフ、機械学習による異常検知が簡単に実現できることも見てきました。これらのソフトウェアの導入は非常に容易なので、ぜひ読者のみなさんも、Elastic Stack や X-Pack を触ってみていただき、検索エンジンだけではない、Elasticsearch の幅広い可能性を感じていただけたらと思います。

索　引

Symbols

A

B

C

D

E

F

G

H

I

J

K

L

■ 商品に関する問い合わせ先

インプレスブックスのお問い合わせフォームより入力してください。

https://book.impress.co.jp/info/

上記フォームがご利用頂けない場合のメールでの問い合わせ先

info@impress.co.jp

- 本書の内容に関するご質問は、お問い合わせフォーム、メールまたは封書にて書名・ISBN・お名前・電話番号と該当するページや具体的な質問内容、お使いの動作環境などを明記のうえ、お問い合わせください。
- 電話やFAX等でのご質問には対応しておりません。なお、本書の範囲を超える質問に関しましてはお答えできませんのでご了承ください。
- インプレスブックス（https://book.impress.co.jp/）では、本書を含めインプレスの出版物に関するサポート情報などを提供しておりますのでそちらもご覧ください。
- 該当書籍の奥付に記載されている初版発行日から3年が経過した場合、もしくは該当書籍で紹介している製品やサービスについて提供会社によるサポートが終了した場合は、ご質問にお答えしかねる場合があります。

■ 落丁・乱丁本などの問い合わせ先

TEL　03-6837-5016　FAX　03-6837-5023

service@impress.co.jp

（受付時間／10:00-12:00、13:00-17:30 土日、祝祭日を除く）

- 古書店で購入されたものについてはお取り替えできません。

■書店／販売店の窓口

株式会社インプレス 受注センター

TEL　048-449-8040

FAX　048-449-8041

株式会社インプレス 出版営業部

TEL　03-6837-4635

エラスティックサーチジッセンガイド

Elasticsearch実践ガイド

2018年6月21日　初版発行

著　者　惣道（そうどう）哲也（てつや）

発行人　土田米一

編集人　高橋隆志

発行所　株式会社インプレス
〒101-0051 東京都千代田区神田神保町一丁目105番地
ホームページ https://book.impress.co.jp/

印刷所　大日本印刷株式会社

ISBN978-4-295-00391-5　C3055

Printed in Japan